ゼロからはじめる

稼ぐ農業

必ず知っておきたいこと100

著　高津佐和宏／寺坂祐一／潮田武彦
監修　農業始めたい人の学校

あさ出版

はじめに

農業ってどうなんだろう？

この本を手に取っていただいたということは、あなたは、少なからず「農業」に興味があるということでしょう。

将来、農業を一つの選択肢として考えている。もしかしたら、すでに農業を始めるために動き出している人や農業を始めることが決定している人もいるかも知れません。

さて、農業を始めたいと思い立ったとしても、何から始めればいいの？　そもそも、何を作るの？　どうやって売るの？　農地はどうやって手に入れるの？

思った以上に農業の世界はブラックボックスです。表面的な情報は、テレビやSNSで手に入るかもしれません。しかし、農業を始めるための具体的かつ本質的な情報を手に入れ、自分に合ったものを取捨選択するのは非常に困難です。

そして、はたして自分は農業でやっていけるのか？　きちんと生活できるだけ稼ぐことができるのか？　そもそも、農家は儲からないと言われているのに、借金して農業を始めて大丈夫なのか？　そんな不安も頭に浮かんでくるでしょう。

実際に、新規就農から10年以内で農業所得のみで生計を立てている人はわずか38・1％、残りの61・9％は農業だけで生活が成り立っていないそうです（全国新規就農相談センター『新規就農者の就農実態に関する調査結果』令和3年度）。

さらに、農林水産省が2024年11月に発表した『基本計画の策定に向けた検討の視点』によると、2020年には108万の農業経営体がありましたが、2030年には54万農業経営体まで半減すると予想しています。

既存の農家は恐ろしいほどのスピードで減少し、新規就農した人も農業だけで生活が成り立たない人のほうが多いことを、これらのデータは表しています。

しかし、そんな状況でも農業をやりたいと志を持って飛び込んで来る人が一定数います。そんな人たちに絶対に失敗してほしくないという思いから、私たちは2021年より「農業始めたい人の学校」というオンラインスクールを始めました。

この本は、その「農業始めたい人の学校」の講師3人による共著です。

1人目は、北海道でメロンの直販農家を営む寺坂祐一。18歳の時に超赤字農家を継ぎ、一時はうつ状態となるも、ダイレクトマーケティングと出会ったことで農業人生が一変。通販と直販で右肩上がりの成長を遂げ、現在では年商1・8億円を突破しています。

2人目は、土作りのスペシャリストである潮田武彦。自身も農業をしながら、周辺の農家仲間に農業技術を教えてほしいと頼まれたことをきっかけに、全国の300軒の農家に農業技術を教える農業コンサルタントとしても活躍しています。

3人目は、農業経営コンサルタントとして活動する高津佐和宏。専業農家に生まれ、農業高校、大学農学部を卒業後、地元JAに入会。15年勤めた後に独立。業界最大級の有料オンライン勉強会を主宰し、自身の YouTubeチャンネルは登録者数1万人を突破しています。

さて、この本が他の農業本と違う点は3つあります。

1つ目は、現在も現場で活動中の3人が、それぞれの実体験に基づき、専門領域について執筆していること。農業と一口で言っても地域によっても様々、生産する品目も多種多様です。また、販売方法、経営規模、従業員の雇用形態など非常に幅広いのが農業です。それをたった一人で語り尽くせる人は、正直いないと思います。その点、この本は3人がそれぞれの専門領域、得意領域を分担して執筆しています。机上の空論ではなく、それぞれが経験したことを伝えています。

２つ目は、農業を始めるだけでなく、始めた後にどうやって軌道に乗せ、生活するための稼ぎ、農業を続けていくための稼ぎを得るかという視点に立っていること。

誤解を恐れずに言いますと、私たちは新規就農者を増やしたいとは思っていません。私たちの思いは、農業を始めた後に失敗して不幸になる人を見たくないのです。そのために、新規就農前に知っておくべきことだけをこの本に詰め込みました。

農業を始めることが目的ではなく、農業を通して幸せになっていただくことを目的としているからです。それを実現するためには、農業を継続するだけの稼ぎは必要です。お金の問題から逃げては、農業は継続できません。そのために「農業で稼ぐ」という視点は外せないものなのです。

３つ目は、農業で失敗しないために、成功する農家の考え方に言及していること。

経営の知識や農業生産の栽培技術など、農業で成功するための要因は多くあります。しかし、その根本にあるのは、農業をするあなたの考え方です。

農業で失敗してしまう人は失敗する考え方をしています。
成功する人は成功する考え方を持っています。

実際に「農業始めたい人の学校」の受講生からは、

「インターネットで検索しても情報が溢れており何が正解なのか分からなかったが、実際に成功している方からノウハウを学ぶことで迷いが格段に減った」

「経営準備から開始数年の数値の組み立て方、農業技術、販売方法など基本が盛りだくさんで、自分一人では得られなかったことを数多く学ぶことができた」

「1人の講師だけでなく、3人の講師から学べるため、一定の客観性が担保されており心強かった」

などの感想をいただいています。

「農業で失敗しないコツはなんですか？」と聞かれれば、**「学ぶ人を間違えないこと」**と答えます。

なぜなら、農業でうまくいっていない新規就農者に、「誰から農業を学んだのか」と聞くと、その師匠が稼げていない農家であることが多いからです。稼げていない人から学んでも、稼げるはずがありません。しかし、最初はよくわからないから、その稼げていない農家のことを全面的に信じるしかありません。これで失敗する新規就農者の出来上がりです。
逆に言えば、稼いでいる農家から成功のポイントやコツを聞けば、おのずと最大効率で稼げるようになるのです。この本にはそのノウハウを、たっぷり100個の項目に詰め込みました。

さあ、この本を読み終えて、稼ぐ農家のスタートラインに立ちましょう‼
稼げる農業の世界でお待ちしています。

2025年2月

寺坂　祐一
潮田　武彦
高津佐和宏

ゼロからはじめる 稼ぐ農業 必ず知っておきたいこと100◆目次

はじめに 3

第1章 農業を始める前に知っておくべきこと

01 農業で稼ぐということ 18
02 会社員と農家はこんなに違う 20
03 天候で計画が変わる 24
04 収入のない期間がある 28
05 確定申告をしないといけない 32
06 社会保険も自分で手続きしないといけない 34
07 就農までの歩み 36
08 農業生産はどこで学ぶのか？ 38
09 新規就農の相談先は？ 40
10 農協・JAとは何か 42
11 農業をするうえで知っておくべき法律 44
12 作ったものの値段のつけ方 50
13 農業をやるうえで必要な業務 52
14 事業計画の作り方 56
コラム 農業の面積を表す単位について 60

第2章 農業を始めるうえで必要なお金の知識

15 農業を始めるにはいくら必要か？ 64
16 当面の生活資金はいくら必要か？ 66
17 農業に必要なお金ってどんなものがあるの？ 70
18 経費とは？ 72
19 補助金・助成金はもらえるの？ 74
20 収入と所得は別 78
21 減価償却費について 82
22 農地は経費にならない 86
23 請求書を出さないとお金はもらえない 88
24 農業簿記を勉強してみよう 92
25 借入について 96
26 借入の返済について 98
27 税金についての基礎知識 100
28 消費税の免税事業者について 102
コラム 農業はシャドウワークが多い 106

第3章 農業を始める前に決めておくべきこと

29 個人事業主か？ 法人化するか？ 110
30 農業における雇用について 112
31 農業における社会保険の役割 116
32 雇用するなら労働保険に入ろう 118
33 どこで農業をするか？ 120
34 何を作ったらいいのか？ 122
35 どこで売ればいいのか？ 124
36 販売を促進するには 128
37 誰が何をやるのか？ 130
38 農業機械や施設は どうやって準備するか？ 132
39 各種手続きと 補助金・助成金について 134
40 新規就農のために 準備しておくもの 136
41 どれくらいの売上を目指すか？ 140
42 兼業で農業をする時の注意点 144
コラム 商品を発送する時に 気をつけること 146

第4章 農業を始める場所を決める

43 農地の見つけ方 150
44 作りたい品目があって農地を探す場合 152
45 どこに相談すればいいのか 156
46 良い農地は良い人間関係性からしか出てこない 158
47 儲かっている農家が多い地域は空きがない 160
48 土地がすぐ見つかる地域は儲からない地域かも 162
49 耕作放棄地を紹介されたら 164
50 第三者承継という方法 166
コラム 畑と自宅の距離について 168

第5章 何を作ればいいか品目を決める

51 自分の好みで作る品目を決めない 172
52 作りたい品目がある場合は？ 174
53 参入障壁を知ろう 176
54 差別化のメリットとデメリット 178
55 その地域でみんなが作っている品目と誰も作っていない品目 180

56 販売方法も想定して品目を決めよう 182
57 多品目栽培は難易度が超高い 184
58 頼まれた農作物を作ろう 186
59 情報収集の方法 190
コラム 借りる先・仕入れ先のポイント 192

第6章 どこに売るかを決める

60 どんな売り先があるのか？ 196
61 農作物の販売面から見た特徴 198
62 販売方法はトレードオフ 200
63 JA出荷と卸売市場出荷 202
64 JA出荷について 204
65 スーパーと直接取引できるのか？ 206
66 道の駅など直売所で売る 208
67 自社直販の仕組み 210
68 自社ECサイトと産直ECサイトの違い 212
69 入金されるまでが販売活動 214
70 リサーチ不足がほとんど 216
71 リピートが大事 218
72 ふるさと納税に採用してもらうことはできるか？ 220
73 出荷規格について 222
コラム 廃棄処分を決断する時 225

第7章 農作物を作るうえで必要な基礎知識

74 売るための農作物を作るとは、どういうことか 228
75 肥料の大量要素、微量要素 230
76 土作りの基礎 234
77 土壌の物理性、化学性、微生物多様性 240
78 光合成について 242
79 土壌の排水性と保水性 244
80 根の基礎知識、土中の働き 246
81 農業における潅水の重要性 248
82 適地適作が大切 250
83 適期適作業・作業のタイミング 252
84 栽培記録・作業記録をつけよう 256
85 病害虫の基礎知識 258
86 農薬散布技術 262
87 農業において観察力を鍛える大切さ 266
88 慣行農業と有機農業 268
89 メンター（師匠）を見つけるのが最大の近道 270
90 雑草管理を徹底する 272
91 自然災害にあった時は 276
92 二毛作・二期作について 278
コラム 稼ぐ農家になった際に付き合うべき人 280

第8章　農業で成功するための心構え

93 親元就農のコツ 284
94 経営者としての心構え 286
95 農業は起業である 290
96 1年目から黒字を出す 292
97 「農業は儲からない」と言う人からは距離をおこう 294
98 自己流は事故る 296
99 6次産業化（加工品）は赤字まっしぐら 298
100 地域との人間関係が成功のカギ 302

おわりに 304

第1章

農業を始める前に知っておくべきこと

01

農業で稼ぐということ

農業を志す理由は？

これから農業を始めたいという人に必ず聞く質問があります。それは、**「なぜ農業をしようと思ったのですか？」**というものです。

今この文章を読んでいるあなたもなぜ農業をしようと思ったのでしょうか？

農業を志す理由は人それぞれです。実家が農業経営をしていたからという人もいるでしょう。おじいちゃん、おばあちゃんの畑があるからとか、自然が好きだからとか、安全安心な野菜を自分で作って子供たちに食べさせたいとか……。農業を志す人の数だけその理由があります。

一方で、私たちは生活していくためにお金を稼ぐ必要があります。そのために仕事を選んで働きます。**「農業をやる」**ということは、農業という仕事を選んで、**生活の糧を農業で稼ぐ**ということでもあります。

農業が続かない理由

農業を志し、農業を始めても、道半ばで農業を諦めないといけない人もいます。その理由は大きく2つです。1つは健康。もう1つは、お金です。

1つ目の健康は、例えば怪我や病気などで自分自身が働けなくなって農業を続けることができないというもの。2つ目は、農業で稼げずに続けることができなくなることです。特に新規就農をして道半ばで農業を辞める人はお金の問題が多くを占めています。農業を辞めるまでではないが、生活が苦しい新規就農者、借金の返済で自転車操業の新規就農者は決して少なくないでしょう。

農業を志す理由は様々あっていいですが、ここで言いたいのは決してお金の問題から逃げてはいけないということ。農業を始めたあと農業を続けるためには、**「農業で稼ぐ」**ことが必要なのです。

農業で稼ぐために

「農業で稼ぐ」ためにはどうすればいいのでしょうか。その答えは、**「農業生産」から逃げないこと**です。農業は製造業です。農作物をどうやって売るかに注力する人もいますが、その前に「良いものが作れるかどうか」が農業で稼げるか、稼げないかを大きく左右します。作れない人は、どんな売り方をしても稼げません。逆に、農業生産が上手な人は、よほど間違った売り方をしない限り稼ぐことができます。

これから、経営や販売など農業経営に必要な知識をこの本で学んでいただきますが、農業における儲けの源泉は、「農業生産」にあることを忘れないでください。

02 会社員と農家はこんなに違う

労働時間・休日

会社員は決まった時間に働きます。年間労働時間・残業時間の上限、年間休日日数が定められており、働きすぎるといずれ労働基準監督署がやってきて、厳しく改善指導を受けることになります。

農家はそんなのまったく関係なし。天候に合わせることはもちろん季節の移り変わりで種をまいたり収穫したり、日の出日没や作物の生育プロセスに合わせて働きます。そうでなければ高品質な農作物をたくさん収穫することができないからです。

播種《はしゅ》や定植時期や収穫出荷がピークの時は朝の3時半から夜遅くまで働くこともしばしば。1日15時間以上の労働が数日続くこともあります。

私（寺坂）の場合、肩書きは会社役員で社長の立場ですが基本、農家・農民ですので、メロン生産と販売が忙しい春～夏はほぼ休みが無く、今でも1日10時間以上労働の日々が毎日続きます。休みの日でも早朝必ず農園に出向き、作物の観察やハウスの開け閉め管理、仕事の指示などをするので、午後から半日休めたら良いほうです。

一方、社員は1日7・5時間労働で働き、規定の休日通りに休みます。社会的に見て残業はいけないことなので、当農園も残業は原則禁止です。

農家と農業法人の役員は労働基準法で守られていない（縛られていない）ので、良いか悪いかは別として好きなだけ働くことができます。

農繁期・農閑期がある

会社員も繁忙期や仕事が少ない時期がありますが、給与が大きく変動することはありません。

農家は四季の移り変わりと作物の生産・出荷体系に合わせて働くため、どうしても**農繁期・農閑期**があります。農繁期は仕事に追われ心身共に疲労し、農閑期は無収入の不安に襲われます。なので、農繁期に1年分の収入を稼ぎきる！　そんなイメージとなります。

農家は保証が少ない

会社員だといろんな保証があるように感じます。雇用保険、労災保険、健康保険、厚生年金保険、介護保険など、働く人が安心して働ける環境が整っています。

法人化していない農家だと個人事業主となりますので保証の形が変わってきます。保険は国民健康保険となり会社負担はないので、全額自己負担となります。年金も国民年金となるので将来もらえる年金額は厚生年金に比べてかなり少なくなりそうです。

ケガをしても自分持ち。労災ではなく健康保険を使って病院にかかることになります。

倒産・離農しても雇用保険はないので一気に無収入になります。

ですので、農家の場合は健康保険とは別に医療保険に入ったり、農家が入れる農業者年金に加入して老後に備えたりしたほうが安心です。

しっかりとした農業経営事業計画を立てること、栽培技術を高め高品質高収量を目指すことが大切です。そして万が一のことを考え、離農する場合を想定した出口戦略も頭の片隅で考えておくとよいでしょう。

地域との関わりが大事

農業だと地域と関わる行事やイベントがどうしても多いです。

会社員だと「その日は仕事なので……」と断ることができますが、農家の場合、忙しい時期でもやろうと思えば時間の融通が利くので、いろんな地域の役職やその代理を任されがちです。農閑期だと「昼の農作業よりも、夜のいろんな会合のほうが忙しい」ということもしばしばありました。

収入の違い

会社員は毎月決まった給料が支給され、年間決まった有給日数を消化し、残業があれば決まった割増賃金が出ます。長年勤めて退職した場合、退職金が出る会社もあります。福利厚生が充実した会社ならば、その恩恵を受けることもできるでしょう。

農家の場合はもちろん、農作物を販売した売上金額から経費を引いた残りが収入となります。ですが、もう一つ。その収入で借入金を返済し、残った額に減価償却費（後述）を加えた数字が、生活費として使ってよいお金になります。

これをよく理解し、農業のお金と生活のお金をしっかり区別しないと、資金繰りに困窮することになりかねません。

そしてもう一つ違いが。自然のサイクルにそって営む農業ですので収入が不安定なのが当たり前なのです。これ、結構怖いです。

天候リスク・災害リスク・病害虫リスクなど、作物が全滅することなんて普通にあります。さらには農家自身の栽培技術レベルもリスクの一つ。ちょっとしたミスで収穫量が半分に……、なんてことも普通に起こり、収入が不安定になる一因となっています。

また、「トウモロコシを1カ月収穫・販売して300万円売り上げた！」と、入金された通帳を見て、給与をもらっていた頃と桁が違う収入額に喜んでしまうところですが、あくまでも売上です。繰り返しますが、経費を引いて借入金を返済して残った額が生活に使えるお金です。勘違いしやすいので、注意してくださいね。

03 天候で計画が変わる

農業は天候に左右される仕事

農業において天候は、常に大きな影響を受ける要素です。植え付け時期や収穫スケジュールを、天候を見ながら常に柔軟に調整し、対処していかなければなりません。

例えば、野菜苗の植え付け時期に「明日は雨だ」となれば、夜遅くなっても今日中に苗の植え付け作業を終わらせなければなりません。雨が降り、土が水をたっぷり含んだ状態だとぬかるみ、畑に入ることができなくなるからです。

天気予報を見て「日照りが続く」となれば、潅水《かんすい》装置を準備して水をかけてあげなければ、最悪の場合、作物の苗が枯れてしまい一作分ダメになってしまうこともあります。

施設栽培の場合だと、ハウスフィルムを掛ける作業は無風の時でないとできません。天気予報と天気図をよく見て風のない日、時間帯を狙って一気にハウスフィルム掛け作業を進めていきます。

このように常に天気予報とにらめっこし、

これから進めていく作業計画と作物や土の状態を考えながら日々柔軟に計画調整し、作業を進めていくことになります。

また本質的に、農業は「作物が育つ環境を整える」のが仕事であり、太陽の光エネルギーを利用した光合成によって得られる成果物を得ていく仕事です。

ですので、収穫作業も天候の影響を強く受けます。日照が少なく寒ければ収穫が遅くなって少なくなり、好天が続けば収穫が早まり大量になることも。これらに合わせて従業員に休んでもらったり、人手をたくさん必要としたり毎晩夜業になってヘトヘトになったりと変動が大きいです。

契約や注文を受けていても、約束通りに収穫出荷できなかったり、一気に大量に採れてしまい、売り切れなかったりすることもあります。

このように収穫・出荷計画も天候に大きく左右されることを覚悟し、柔軟に対応できるよう準備しておくことが大事です。

天気予報が当たらない

ここで一つ大きな問題があります。天気予報が当たらないのです。

天気予報はあくまでも「予報」であって**「明日の天気」ではない**のです。気象庁による予報技術は進歩していますが、今でも外れることが度々あり、特に春と秋の天気はめまぐるしく変化します。

天気予報の精度を調べてみると「明日の予報で85％」「3日先は70〜80％」「1週間先は60〜70％」となっているようです。私（寺坂）の経験からだと、1カ月以上の長期予報は、ほぼ当たりません。

ですので、「今日は晴れの予報だったから畑耕しの作業をしていたのに、夕方になったらすごい夕立が降って作業が中途半端なまま中断した。隣町は降っていないのに……」とか、「干ばつ傾向が続いていて、今日は雨が降ると思い安堵していたが、パラパラな小雨で終わった」などなど、当たり前のように起きます。

ここで気象庁に文句を言っても無駄です。それだけ天気を予測するということは今でも難しい、ということです。

経営計画レベルでも天候の影響を受ける

私のメロン栽培での3つの経験をお伝えします。

1例目は2016年、台風9号による大雨の影響で河川の水があふれ、メロンハウス2棟が水没被害を受けました。収穫直前のメロンが腐ってしまい廃棄処分に。約400万円の被害を受けてしまいました。

2例目。数年前の6月には1週間寒波が来た影響で8月に収穫するメロンが全部小玉になり、指定サイズの注文通りに発送できなくなったこともあります。胃に穴が空くかと思うぐらい辛い思いをしました。

3例目の経験です。2023年は酷かった。誰も予想できなかった夏の酷暑に襲われたのです。北海道なのに最高気温が35度超えの日々が続き、収穫直前のメロンにあらゆる手段をもって高温対策したのですが……。ハウス2棟分が全滅。生育の限界を超えた暑さでした。

さらにトウモロコシも酷暑の影響を受け粒がしなびてしまい、壊滅的ダメージを受けました。

結果、夏の終わり頃に約10日間続いた酷暑の影響で、800万円の売上減になり、経営計画が大きく狂いました。

このように想定外レベルでの、台風、水害、大雨被害、強風、干ばつ、高温障害、低温障害などなど、「大きな天候被害を受けることが普通にあり、経営計画自体に影響が出ることがある」と思ってほしいです。

ですので、経営面での対応も考えておかなければなりません。資金繰りは大丈夫か？　融資が必要か？　など、経営全体の計画を見直し冷静に対処していくしかありません。

自然相手の農業には、天候に対するリスクやコントロールできない要素がたくさんあります。自然と向き合いつつも、いつでも計画を見直す柔軟さや心構えを持ちながら、日々の農作業を進めていきましょう。

04

収入のない期間がある

収穫期間は一時期に偏る

1年を通じて四季の変化に合わせながら営む農業ですので、ほとんどの作物では収穫期間が一時期に偏ります。そして収穫期間が終えると無収入の期間が次の収穫期間まで続くことになります。

一般的な作物であるお米を例にすると、春に種を播き苗を育て田植えをし、夏は管理作業。秋に収穫・出荷してそのあと売上が入金され、冬を迎えます。農閑期である冬から翌年秋まで約10カ月間が無収入期間。会社勤めの人から見るとちょっとゾッとしますよね。

日本全国で見ると、野菜だと南と北では作型が全然違います。作物にもよりますが、おおむね九州では冬〜春が収穫期で夏が農閑期。逆に東北より北の地域だと収穫期は夏〜秋で冬は寒く降雪もあるので農閑期となります。

ですので、収穫・出荷のある期間は売上がドーンと入りますが、それ以外の期間は無収入がずーっと続くことをよく覚えておいてください。

気をつけてほしいのが、農業経営を始めた時。ここで大事なポイントは**「収入＝所得」ではないこと**。農作物を出荷して得られた売上、口座に入金された金額は売上であって、そこから1年間でかかった経費を引いた数字が利益（所得）です。

例えば、「野菜を出荷して1カ月で300万円の売上を上げた」となっても、実際に帳簿を付け決算してみたら利益が50万円だったなんてことはよく起こります。利益があるならまだしも、赤字だった……ということも多々あります。気をつけてくださいね。

さらに言うと、生活や次の事業投資に使えるお金は、利益から税金と借入金の返済額を引いて、それに減価償却費（帳簿上経費となっているが実際に出て行っていないお金）を加えた額となります。

「利益－税金－借入の返済額＋減価償却費＝使えるお金」

自由に使えるお金（年間にかかる生活費）は実際いくら必要なのかを把握しておくこと、無収入期間が長いこと、そして年間の利益を重視した経営をすること、この3つを把握し経営していくことが大切です。

無収入期間をどうするか？

作る作物によって無収入期間が大きく違いますが、収入金額の変動が月によって大きく変わるのが農業です。

そのため、農業経営を始める前にまず必要な生活資金を算出し、借入の返済計画表を見ながら、その合計金額に達する利益が生まれる事業計画を立てましょう。

生活資金として年間最低でも300万円で、毎年の借入金返済額が100万円ならば「300万＋100万＝400万円」。減価償却費が50万だとすると「利益300万＋返済額100万－償却費50万＝350万円」。

この350万円から納税額を引いた数字が生活費と次の投資に使える金額となります。

利益ベースで経営計画を立てるのでしたら、この自由に使えるお金350万円を生み出す事業計画を立てるのです。そのためには、どの作物をどれぐらい育て、経費はどれぐらいで……と逆算して栽培出荷計画を作り、そのうえで**事業計画書**（損益計算書ベースの計画）を作成します。これができて実行できれば、農閑期に収入がなくなっても不安に駆られることなく農業を続けることができます。また、事業計画通りに進まなくて売上や利益が下ぶれする場合も、対策をとることができます。

運転資金を調達する

事業計画書ができたら、毎月の資金繰り表を作りましょう。表計算ソフトなどを使って、「月初めに○○万円の資金があり、毎月の収入がいくらで、経費としていくら支出があるのか、そして月末に○○円が残るのか」という、事業計画を基に12カ月分の数字を割り振った表を作成します。機械を買うなど大きな支出は何月なのか？　などの数字も織り込み、1年間のお金の増減（キャッシュフロー）を予測していきましょう。

すると、「収穫前の7月に資金が足りなくなる」「一番資金が枯渇する3月末は残高が○○円だけど、これだと何か突発的な支出があったり収穫量が少なかったりすると資金がショートする」など、毎月の資金残高が予測できるようになります。

資金ショートが予測される場合は早い段階で金融機関から運転資金を借りるなど、事業計画段階で相談することが可能です。

一番まずいのは、お金がなくなってから慌てて金融機関に相談すること。ギリギリまで追い込まれて「お金が足りないです、貸してください」だと銀行担当者も不安になります。

事業計画段階で金融機関に相談に行き、「去年の決算書は黒字で、今年の事業計画はこうなっていて利益がこれぐらい出る予測です。ですが、収穫前の支出が多い7月に資金が足りません。運転資金として○○○万円5月までに調達したいのですが……」と相談すれば、担当者も耳を傾けてくれるはずです。

農閑期に無理して作付けしたり多角化経営に走ったりしない

「収入のない時期に、少しでもプラスになれば……」と、儲からないのが薄々わかっているのに無理して作物を育てて出荷するパターンはお勧めできません。

他の主力産地とぶつかり価格が安かったり、夏だと高温すぎて作物が採れなかったり、冬だと低温すぎて暖房費がかかったりと、採算が合わないケースが多いので、気をつけたいところです。

05

確定申告をしないといけない

農家は事業主

農家は事業主になりますので、税金を納めるための手続きなどを自分で行うことになります。

具体的には、確定申告を自分でやらなければなりません。会社員の場合は、税金や社会保険料をあなたの代わりに会社が収めてくれていたので、手続きといったら、年末調整くらいだったかも知れません。しかし、これからはすべて自分で行う必要があります。

まずは開業届の提出から

事業主として事業を開始するには開業届の提出が必要になります。開業届は近くの税務署に提出しますが、現在はオンラインでも受け付けています。

開業届を提出する際の注意点として、新規就農に関わる補助金・助成金を受給する予定がある方は、担当者と開業届の提出日などを十分に確認する必要があります。開業届を提出して受理されると農業を開始したと見なされ、補助金・助成金の受給ができない場合もありますので、注意してください。

それと、青色申告と白色申告のどちらで確定申告をするか選択することになります。原則、青色申告を選択してください。

確定申告はいつするの？

確定申告は年に1回行います。毎年1月から12月の売上と経費をまとめて、青色申告決算書を作ります。農業用の様式がありますのでそちらを使います。確定申告は、基本的に翌年の2月16日から3月15日までに行う必要があります。期日を過ぎるとペナルティがあるので注意してください。

確定申告の方法は？

確定申告は農家1年目で税務の知識が少ない方にはハードルが高いかもしれません。一番お勧めなのが、JA（農協）が窓口になっている「青色申告会」です。ここに所属すると年会費は必要ですが、JAが確定申告を手伝ってくれます。年会費は地域によって違うのでお近くのJAでお確かめください。

確定申告を税理士にお願いする方法もあります。こちらは最低10万円以上の税理士報酬が必要だと考えてください。これも税理士によって違うので、複数の税理士と面談してみるのがよいでしょう。

個人事業主の確定申告は自分ですることも可能です。その際は、経費の仕分けなどを自分でする必要あります。今はfreeeやマネーフォワードといった、確定申告も簡単にできるクラウドの会計サービスがあります。

06 社会保険も自分で手続きしないといけない

健康保険について

会社員だった方は、健康保険を会社と折半して、給料天引きで会社が支払いをしていました。個人事業主になると、国民健康保険に加入し、全額自己負担で支払いが発生します。

負担金額は、前年の所得により算出されますので、前年の所得が多い人は、多めに支払いますし、所得が少ない人は支払額が少額になります。

国民健康保険の手続き窓口は、市町村です。会社を退職したら、市町村の国民健康保険の窓口に行って手続きをしましょう。

もし、手続きをしない場合は、健康保険証がないということになりますので、病気になったり怪我をしたりした時、病院に行くと診察料など100％自己負担になります。

健康保険の任意継続について

健康保険には、任意継続という制度があります。会社を辞めて、個人事業主になったら原則、国民健康保険に加入することになるのですが、任意継続の要件を満たしていれば、2年間、今までの会社員時代と同じ健康保険に加入することができる制度です。

メリットとしては、扶養者として認定されていた家族も引き続き保証の対象となり、家族構成などによっては、国民健康保険より、支払い金額が安くなる可能性があります。ただし、会社が負担していた分まで全額自分で負担する必要がありますし、途中解約もできません。

任意継続は、退職日の翌日から20日以内に、住まいの住所を管轄する「協会けんぽ支部」に申請する必要があります。任意継続の窓口と市町村の国民健康保険の窓口に出向いて、支払う保険料の総額を確認し、良い条件のほうで手続きをするとよいでしょう。

年金について

会社員の場合は、厚生年金に加入しています。健康保険と同じように会社負担分と合わせて、会社が手続きをしていますので、個人で何かをすることはなかったと思います。健康保険と同じで、こちらも自分で国民年金の支払い手続きをする必要があります。

国民年金の手続きは、住所のある市町村の担当窓口になります。退職日の翌日から14日以内に手続きをする必要がありますので、速やかに窓口に相談してください。

また、農業者に限り、農業者年金という仕組みがあります。条件はありますが、一部国の助成もありますので、よく調べて検討してみてください。

07 就農までの歩み

農業を始める場所と作物の選択

　農業といっても、野菜栽培、果樹栽培、畜産、養蜂、さらに観光農園、有機農業など、いろいろな分野があります。どんな農業がしたいのかを考えて、自分の趣味や特性に合った農業を選びましょう。

　作物の種類や栽培方法などは地域の条件に大きく左右されます。就農したい地域の気候や土壌を調べて、どの作物やどんな栽培方法がその土地に適しているかを知ることが大切です。事前にしっかりと情報を集めて、最適な選択をしてください。

現場で学ぶ

　農業を始めるうえで大切なことは、作物ごとの栽培技術を身につけることです。農業では、土作りや栽培技術、収穫、病害虫防除などの知識と技術を学ぶ必要があります。これらは、各都道府県にある農業大学校や農家での農業研修制度を通じて学ぶことができます。また、新規就農する前に農家でアルバイトをするのも貴重な体験となります。

　農業は教科書で学ぶだけではなく、現場で

の経験が非常に大切です。実際の農業に触れることで、季節ごとの作業の流れや予期しないトラブルへの対処方法を習得できます。

農業するための資金はどうするのか？

農業を行うためには、農地の購入や機械設備の整備、種苗、肥料、農薬、ビニール代などの資材の購入費、人件費、生活資金などが必要になります。農業は初期投資が大きく、1000万~2000万円程度が必要になる場合があります。そのため、農業の融資制度や自治体の補助金制度を活用することが重要です。特に多くの自治体では、新規就農者を対象とした農業支援制度が整備されており、これをうまく利用することで初期の資金負担を軽減できます。

新規就農する時が一番融資を受けやすいので、きちんとした経営計画をもとに融資を受けることが大切です。将来において追加の融資は、その時に農業で黒字化していないと難しい場合が多いので、一番のチャンスとなる最初の融資は慎重に検討しましょう。

売上目標は？

農業も他の産業と同じで売上を上げて、所得を得ることが大切。農業の売上目標として、**5年目で売上1500万円以上で所得が350万円以上、10年目で売上3000万円以上で所得が600万円以上**が理想です。

この目標を達成するためには高い栽培技術、再生産可能な価格で販売できる販路開拓などが大切です。

08 農業生産はどこで学ぶのか？

農業は製造業

農業は製造業です。他の製造業と違うのは太陽光や水、土壌など自然の力を活かしながら、農作物を作ることにあります。

製造業ですから、農作物をきちんと作ることができなければ、農業経営が軌道に乗ることはありません。

家庭菜園をしている方が畑で採れた野菜をFacebook や Instagram にアップしている投稿をたまに見かけます。コメントとして、「こんなにたくさん美味しそうな野菜が採れました！」とあります。アップされている写真は、大きさがまちまちの野菜が並んでいます。趣味でやる家庭菜園ならそれでいいのです。

一方、プロが作る農作物とは、姿形が揃っており、大きさもほぼ同じ、それを大規模で、かつ大量に生産します。それができて初めて、プロ農家として生計を立てることができます。

どこでプロ農家に出会うのか

もしあなたが今現在、プロ農家に縁もゆかりもないなら、どのようにプロ農家に出会うことができるでしょうか。

一番お勧めの方法は、プロ農家のもとで働いてみることです。近年、1日バイトアプリが盛んになっています。農家で1日バイトアプリを使って、働く人を募集しているところもたくさんあります。それに応募して、できるだけ多くの農家で働いてみてください。大規模でかつ大量に生産する現場を味わうことができますし、自分が将来、農業経営をやる前提で働くと見えてくるものが違うと思います。

YouTubeで学ぶ危険性

農家の中には、YouTubeで配信している方もいます。農家が配信しているから、これから農家になる自分にとって役に立つと思うことでしょう。でもその配信は、本当にプロ農家向けですか？

農業系のYouTubeチャンネルは、家庭菜園向けのチャンネルになっているものがほとんどです。その理由は、家庭菜園向けのほうが、チャンネル登録者数や動画の再生数が伸びるからです。

家庭菜園で農作物を育てるのと、プロ農家が大規模にかつ大量に農作物を育てるのは、根本的にその方法が違います。農家が話しているからといって、すべてプロ農家向けとは、限らないのです。

YouTube配信の中に、家庭菜園のワードが出てきたり、コメント欄をチェックして家庭菜園を楽しむ方が多く視聴しているなと感じたりしたら、その配信者から情報を取るのはやめましょう。

09 新規就農の相談先は？

農業を始めたいと思ったら……

農業を始めるにあたって、資金面をどうするかという課題はありますが、それ以外のところで次の3つを決めることが必要です。

それは、**「場所（農地）」「品目（何を作るか）」「販売（どうやって売る）」**です。それぞれの詳細は後述します。

場所（農地）を探そう

例えば、親が農業をしているとか、祖父母や親戚の農地をもらえる（借りられる）とかであれば、農地を探す必要はありません。ただし、農地の当てが全くないのであれば、まずは農地探しからスタートする必要があります。そのうえで、「ここで農業したい！」という地域があれば、その地域の新規就農を支援してくれる行政機関にアポイントをとって相談しに行くのがよいでしょう。

特に、希望する地域がなければ、都市圏で開催される新規就農イベントなどを探して、出掛けるとか、全国の市町村の新規就農窓口に連絡をして話を聞いてみるとか、今はインターネット上で新規就農者のイベントも多く立ち上がっているので、それらに参加することもお勧めします。

自治体によって支援は様々

注意すべきことは、自治体によって新規就農支援や温度感は様々であること。積極的なところもあれば、そうでないところもありますす。こればかりは実際に動いてみないとわかりません。たまたま担当していた人によって違うこともありますので。

必ずしも新規就農者が歓迎されるとは限らない

さらに、現実的なことを言うと、新規就農者は全国どこでも両手を広げて大歓迎というわけではありません。農家数は減少しているので、どの自治体も表向きは新規就農者を増やす活動をしていますが、正直なところ誰でもOKではなくて、**きちんと農業経営を継続してくれる可能性がある人を望んでいます**。

もし仮に、この人はちょっと危ないなと思ったら急に態度が変わる可能性もあります。なぜなら、どの自治体も過去に新規就農希望者によって痛い目を見ているからです。

例えば、目新しいことだけをしたがり、結局うまくいかずに夜逃げ同然でいなくなったり、地域の農家とトラブルを起こして苦情が入ったり……。そのようなことにならないよう、十分に準備をするようにしましょう。

10 農協・JAとは何か

農業協同組合の略

農協とは、農業協同組合の略です。JAは、農協の英語表記「Japan Agricultural Cooperatives」の頭文字をとった愛称になり、すべて同じ意味です。JAは全国に507あり（2024年4月1日現在）ます。都道府県の各地域にあるのが、いわゆるJAです。このJAは、協同組合という組織形態をとっています。一般的な、株式会社や合同会社とは組織形態が違います。

協同組合とは

株式会社は、株主がいて会社を運営する経営者がいるという組織形態ですが、協同組合は、組合員が出資をして組織が成り立っています。大きな違いは、株式会社は持株比率が高い人の意向によって運営されますが、協同組合は、出資金や組織の利用額にかかわらず、組合員1人につき、1票の議決権になります。

つまり、農業協同組合とは、地域の農家が出資して組合員となり1人1票の議決権を持って運営しています。

具体的にやっていることとは？

ＪＡには主に**購買事業、販売事業、営農・生活指導事業、共済事業、信用事業**の5つの事業があります。この他に生活事業や葬祭事業、厚生事業などを運営するところもあります。

農業に関わる部分を解説すると、購買事業は「肥料や農薬、農業機械など農業を営むうえで必要な生産資材を農家に売る仕事」です。販売事業は「農家が生産したものを預かり販売を支援する仕事」、指導事業は「農家の生産指導を行う仕事」です。共済事業は「一般的な保険の仕事」、信用事業は「銀行業務」と同じです。

ＪＡの特殊性は、一つの組織の中で購買事業や販売事業といった収益事業をしながら、保険業務や銀行と同じ金融業務を行っていることです。これは、他の組織形態には認められていないことです。

また、指導事業はＪＡや農家にとって重要な仕事ですが、指導事業で収益を上げる仕組みはありません。つまり、指導事業そのものは無償提供になっているのです。代わりに他の4つの事業で収益を上げる必要があります。

ＪＡは民間企業

ＪＡ職員は公務員ではありません。給料は税金から出ているわけではなく、自分たちで稼ぐ必要があります。法人税の優遇があったり、補助金・助成金をもらいやすかったりという側面はありますが、それでも利益が出なければ運営できないのがＪＡなのです。

11 農業をするうえで知っておくべき法律

農業界特有の法律を知る

農業を営むうえで、農業界の特有の法的知識が必要となります。ここでは代表的な9つの法律の要約と、それらが農業者にとって重要な理由を解説します。

食料・農業・農村基本法

「食料・農業・農村基本法」は、①食料の安定供給、②農業の多面的機能、③農業の持続的発展、④農村の振興という理念を基盤に、国民生活の安定と国民経済の健全な発展を目指して制定された法律です。しかし、制定後の時代の変化により、食料事情や地球環境問題の深刻化、海外市場の拡大など、新たな課題が浮上しました。

これらに対応するため、令和6年に法律が見直され、①食料安全保障を重視した食料の安定供給、②環境との調和を考慮した農業の多面的機能、③農業者の経済的安定と技術革新を基盤とする持続的発展、④地域資源を活かした農村の活性化と持続可能な振興という理念に改正されました。

この法律は「農政の憲法」とも呼ばれ、農

政の基本理念や政策の方向性を示すものであり、これから農業を志す人にとっても、重要なものです。

労働基準法

労働基準法は労働者の権利や労働条件を保護するための基本的な法律ですが、農業分野では一部の規定が適用除外とされています。

特に、繁忙期には柔軟な労働が求められるため、労働時間や休憩規定、休日、割増賃金に関する規定が適用除外となる場合がありますす。しかし、最低賃金や労災保険に関しては適用されるため、これらは厳守しなければなりません。

また、農業では機械の使用や重労働を伴う場合が多く、危険な作業が含まれることから、安全管理と労働環境の適正な整備が重要です。農業者は労働法規を十分に理解し、適切な労働環境を提供することで、従業員の安全と権利を守り、安心して働ける環境を整える必要があります。労働基準法を順守し、安全で持続可能な農業経営を目指しましょう。

農業協同組合法

この法律は、ＪＡの設立や運営を定める法律です。この法律により、農業者は協同組合を通じて資材の調達や販売などを効率化し、経済的利益の追求や経営の安定を図ることができます。

また、農業生産力の向上と農業者の経済的・社会的地位の向上を図ることで、国民経済の発展に寄与することを目的としています。

卸売市場法

卸売市場法は、農産物の流通を円滑にし、公正な取引を保障する法律です。農業者にとって、卸売市場を通じて生産物が適正な価格で取引されることは経済的安定を確保するために重要です。

卸売市場法では、卸売業者が産地から送られてくる生鮮食品を全量荷受けする義務があり、「受託拒否の禁止」と呼びます。これは、卸売市場の機能を担保・実現させるための規制です。

農地法

この法律は、農地の適正な利用と保全を目的とする法律であり、農地の売買や転用には厳しい規制が設けられています。

農業者は、無許可での転用を避け、農地を効率的に活用することが求められます。農地を売買または貸借する際には、法律に基づいた手続きを取る必要があり、農業委員会の許可を得る必要があります。

また、農地中間管理機構（農地バンク）を活用して、効率的な農地利用を進める仕組みも整備されており、一般的な不動産取引よりも厳しい制約があります。法律を順守して適切に使用することが大切です。

肥料の品質の確保等に関する法律（肥料取締法）

肥料の品質を規制し、適正な製造・流通・使用を促進する法律です。誤った肥料の使用は環境や作物に悪影響を及ぼすため、農業者は品質確認と適切な使用が求められます。

農薬取締法

農薬の使用と流通を規制する法律で、環境や人体に対する影響を防ぐことを目的としています。農業者は、この法律に基づいて安全な使用方法を守り、農産物に残留する農薬の基準を順守することが求められます。この法律により、日本で流通する食品の安全性が確保され、消費者の健康が守られています。

農薬ごとに使用方法が記載された適用表があります。使用できる作物、希釈倍率、使用量、使用回数、同系統の農薬の制限などが記載されています。不定期で残留農薬の調査なども実施されるので、使用基準に従って適切な使用をしましょう。

農林物資の規格化及び品質表示の適正化に関する法律（ＪＡＳ法）

この法律は、農産物や食品の規格と品質表示に関する基準を定め、消費者に正確な品質表示を行うことを義務付ける法律です。農業者は、これに基づいて正確な表示を行い、消費者の信頼を得ることで、農産物の価値を向上させることが求められます。

特に有機ＪＡＳ認証は、農薬や化学物質を使用せずに生産された有機作物であることを証明する規格です。この認証を取得することで、他の農作物との差別化が図れ、販路拡大にもつながります。

有機ＪＡＳ認証を取得した農産物は、環境

に配慮した農業により作られた農産物であり、付加価値の高い農作物として評価されます。このことは、環境を考慮した持続可能な農業の実現にも大きく寄与します。

有機ＪＡＳ認証は、農地に対して適用される制度であり、環境保全と付加価値の高い農作物の生産の両立を促進します。農業者は環境の持続的な維持を意識しつつ、安心安全な農産物を消費者に届けることが大切です。

種苗法《しゅびょうほう》

この法律は、品種の知的財産権を保護し、優良な種苗の生産と流通を促進するための法律です。この法律により、新たに開発された品種の育成者（品種登録者）は独占的にその品種を利用する権利が保障され、違法な複製や無許可の流通を防ぐことで、高品質な種苗の安定供給が実現します。また、自ら育成した品種が不当に使用されることを防ぎ、農業者は正規の種苗を使用することで、高品質で安定した作物を生産できます。

さらに、この法律は、新品種の保護を目的とした品種登録制度や、指定種苗の表示に関する規制を設けており、品種育成の振興と種苗流通の適正化を図ることによって、農林水産業の発展に貢献することを目指しています。

左ページに覚えておくべき法律をまとめていますので、参考にしてください。

覚えておくべき法律一覧表

法律名	概要
食料・農業・農村基本法	食料安全保障を重視した食料の安定供給、環境との調和を考慮した農業の多面的機能、農業者の経済的安定と技術革新を基盤とする持続的発展、地域資源を活かした農村の活性化と持続可能な振興の4つの理念を基盤に、国民生活の安定と国民経済の健全な発展を目指す。
労働基準法	労働者の権利や労働条件を保護するための基本的な法律だが、農業分野では一部の規定が適用除外とされている。
農業協同組合法	農業協同組合の設立や運営を定めるための法律。この法律により、農業者は協同組合を通じて資材の調達や販売などを効率化し、経済的利益の追求や経営の安定を図ることができる。
卸売市場法	農産物の流通を円滑にし、公正な取引を保障する法律。卸売市場法では、卸売業者が産地から送られてくる生鮮食品を全量荷受けする義務があり、「受託拒否の禁止」といわれている。
農地法	農地の適正な利用と保全が目的。農地の売買や転用には厳しい規制が設けられている。
肥料の品質の確保等に関する法律（肥料取締法）	肥料の品質を規制し、適正な製造・流通・使用を促進するための法律。
農薬取締法	農薬の使用と流通を規制する法律。、環境や人体に対する影響を防ぐことを目的としている。
農林物資の規格化及び品質表示の適正化に関する法律（JAS法）	農産物や食品の規格と品質表示に関する基準を定め、消費者に対して正確な品質表示を行うことを義務付ける法律。
種苗法	品種の知的財産権を保護し、優良な種苗の生産と流通を促進するための法律。この法律により、新たに開発された品種の育成者（品種登録者）は独占的にその品種を利用する権利が保障され、違法な複製や無許可の流通を防ぐことで、高品質な種苗の安定供給が実現する。

12 作ったものの値段のつけ方

生産原価に基づく価格設定

農作物の値段をどう決めるかは、多くの農家が直面する課題であり、農業を持続可能にするには、適切な価格設定が重要です。

まずは**生産原価を基にした価格設定**です。農作物を生産するためには、肥料や種子、農薬、資材、出荷包装の購入費用、水道光熱費や運搬費、労働力（自分や家族の労働もコストに含めます）がかかります。これらの費用を計算し、売上から総経費を差し引いて、**赤字にならない価格**を設定します。この方法は、安定した利益を確保するための基本です。

市場相場を参考にした価格設定

次に、**市場の相場**を参考にする方法です。

スーパーなどの小売店は、市場の平均的な価格を基準にして、そこから2〜2・5倍程度の値段をつけることが多いです。ただし、**特売や相場の変動**により価格が変わることがあるため、常に市場の動向を把握しながら、自分の農作物の特徴を活かした価格を設定しましょう。

贈答品の価格設定

贈答品（お歳暮やお中元、プレゼントで贈る品物）は、自分のためではなく贈った**相手に喜んでもらう**ことが目的です。そのため、3000円、5000円、1万円、5万円などの**区切りの良い価格**に設定することが大切です。贈答品は見た目の高級感や特別感も重要ですので、それにふさわしい価格を設定しましょう。

卸売りや小売店向けの価格設定

小売店や卸売会社に商品を売る場合、定価から逆算して値段を決めます。消費者の購入価格（定価）を基準に設定し、卸売会社や小売店の取り分（1～3割程度）を差し引いた額が、農家の販売価格になります。

販売価格から生産経費を引いても**利益が出るようにする**ことがポイントです。

価格設定の重要性

農作物は市場の相場をもとに価格決定されていますが、市場は取引量に応じて相場が変わります。需要に対して総量が多ければ、相場は安くなり、総量が少なければ高くなります。原価とは関係がないところで相場が決まります。

対策として自分で販路を開拓して、直売や直販比率を高めることが大切です。良い作物を作れて50%、それを再生産できる適切な価格ですべてを販売できて50%。どちらも揃って初めて農業ビジネスが成り立ちます。

13 農業をやるうえで必要な業務

農業は農作業だけでは成り立たない

農業は、農作業をして収穫物を出荷するだけでありません。農業を継続していくために、農作業以外の大切な仕事がいくつもあります。

農業を始めるには、計画を立てることが大切です。育てる作物や必要な資金を具体的に考えることで、経営がスムーズに進みます。

事業計画と栽培計画

何をどれぐらい育てて収穫するか、売上や経費、借入金返済などを盛り込んだ事業計画を立てることからすべてがスタートします。実現性があって、かつ無理のない事業計画を立てていきましょう。

また、事業計画とは別に1年間に育てる作物の栽培について踏み込んだ計画を立てます。栽培品目ごとに、播種日、定植日、開花〜収穫期などスケジュールを立てていきます。作物の収穫が重なりすぎると収穫しきれなかったりオーバーワークになるので、播種日をずらしたり作物を替えたりして1年間の計画を立てます。Excel などの図表ソフトを使って、時系列に沿ったわかりやすい栽培計画書を作っていきましょう。

また、必要となる種の量、肥料や農薬、生産資材、出荷用段ボールの必要量も算出して必要数量を出していきましょう。生産資材を販売している業者さんに早めに発注して用意していきます。

販売・マーケティング

農業は生産だけでなく、販売までが仕事です。市場の動向を把握し、適切な販売戦略を立てることが成功への道しるべとなります。

お客様に直接販売する場合は、直売所の運営や各ＳＮＳへの投稿、販売管理の仕事など一挙に膨大な仕事量が発生してきます。マーケティングの勉強と実践も欠かせません。

ＪＡや市場へ出荷する場合でも、市場調査は必要です。各産地の動きや相場の動向、市場のニーズを把握し経営戦略を練ることが大切です。

業者と直接取引する場合は、ここでも営業力が必要となってきます。そして契約成立には販売力と交渉力が必要となるでしょう。

人間関係の構築

農業経営は、作物を育てるだけでなく、人との繋がりで大きく左右されます。関わる人と良好な人間関係を構築することは、経営を円滑に進めるうえで不可欠です。

○取引先やＪＡ・市場関係者

単に商取引するだけではなく、取引先や

JA・市場関係者との人間関係構築も仕事のうちです。お互いの信頼関係が深まれば深まるほど、経営にプラスの影響があるはずです。

○直接販売

お客様とのコミュニケーションがリピーターを増やすために不可欠となってきます。生産した農作物へのこだわりや特徴を伝えるだけではなく、「自分自身も商品である」と認識し、「この人から買いたい」「この人に会いたい」と思われるような情報発信や取り組みをしていきましょう。

○従業員

シフト管理や労務管理をしながら適切な人間関係を築いていきましょう。離職率が高いと仕事も回りませんし、経営にもマイナスです。

大切なのは従業員満足度を上げていくこと。理想は「従業員が農園のファン」になっていくことです。

勉強・情報収集

知識は武器になります。作物の生育、病害虫対策、経営戦略などを学び続けることで、農業経営の可能性が広がります。

○本を読もう

自分が育てる作物に関する農業書は積極的に読みましょう。また、土作りや土壌に関する基礎的な農業書も一通り読んで学んでおくとよいです。経営や販売に関する本も読み、経営者として成長し続けていきましょう。

○農業視察に行く

積極的に他産地や篤農家さんのところへ視察に行きましょう。やはり直接人から学ぶことは大切です。ずーっとその地域の畑にいたらわからない、外から見なければ気づけないことがいっぱいあります。

その他、市場の価格動向を調査したり気候変動を調べたりと、農業を営み続けるには幅広い知識が必要です。

常に学びの姿勢をもって農業経営していきましょう。

機械・設備の管理

トラクタ、ハウス、倉庫などは大切な経営資産です。適切な管理で、長く使えるようにしましょう。

農作業ももちろん大切ですが、農業は経営全般にわたって幅広い知識とスキルが求められます。バランスよく取り組んで持続可能な農業経営を実現していきましょう。

14 事業計画の作り方

初めての事業計画作り

ここまで何度か「事業計画」が大事だという話が出てきました。では事業計画はどのように作るのでしょうか。

特に、ゼロから農業を始める人にとっては、何から手をつけていいかわからないことでしょう。

正直なところ、品目、地域、販売方法、農業の規模など多岐にわたるあなたの事業計画を、この本だけで作り上げることはできません。というのも、事業計画だけでもう1冊別の本が制作できてしまうほど、注意すべきポイントや間違えやすい点がいくつもあり、予備知識なしに一人で作るのは難しいものだからです。

しかし、だからといって後回しにしてはいけません。これから農業を始める人にとって事業計画を作ることは大事なことです。もし「事業計画」が作れないのであれば、農業を始めるには少し早いのかもしれませんね。

サポートを受けるのが近道

事業計画作りはサポートを受けるのが近道です。都道府県や市町村には、新規就農をサポートする部署や組織があります。そこには、その地域でメインとなる農業の平均的なデータがありますので、そのデータを活用させてもらうのが一番です。

というのも、北海道と九州では、同じトマトを作ってもその経営の中身は異なります。北海道農業のデータを使って、九州で行う新規就農の事業計画は作れないのです。

新規就農を目指す時に、事業計画作りのサポートをしてもらえるのか、必要なデータを手に入れることができるのか、聞いてみてください。

もしサポートを受けることができなかったら……

新規就農して失敗する確率が高いのは、就農時にサポートをほぼ受けておらず、独学で就農し、失敗するパターンです。あとから話を聞くと、そもそも、成功する確率がほぼない形で就農していることが多いのも事実です。きっと、事業計画を作らず（作れず）にスタートしているのでしょう。

では、あなたが新規就農する場合に、事業計画作りのサポートを受けることができない時はどうすればいいのでしょうか。

どのくらい生産（出荷）できるか、いくらで売れるのか、経費はどの程度かかるのか、全く想像もできない中でスタートしなければいけません。考えてみただけでもゾッとする状況です。

このようなパターンでは、あなたがやりたい農業と同じような農業経営をしている先輩農家にヒアリングするとか、ネット検索で頑張って数字、データを見つけるとか（玉石混交ではありますが）、なんとかして、事業計画を作り上げる必要があります。

それでもなかなか良いデータがない場合には、最低でも売上の見通しだけは立てましょう。売上の見通しは、出荷量と単価なので、どのくらい生産して、そのうちどのくらい出荷できて（出荷量）、それをいくらで売るか（単価）を計算しましょう。

売上以上の利益は出ないし、売上目標の80％が経費で、20％が利益（収入）かなという考えでも最低限の事業計画、事業の見通しにはなります。

最初の事業計画を信じ過ぎない

今までの話と逆説的かもしれませんが、最初に作った事業計画を信じ過ぎてはいけません。なぜなら、サポートを受けて作った事業計画の元データは、農家の平均であることが多いからです。

平均ということは、稼いでいる農家と稼げていない農家の平均ということです。本当なら、稼いでいる農家だけの数字を取り出して、それを参考に事業計画を作りたいところですが、そのようなデータはないのです。

そのため、事業計画をとりあえず作ったら、その数字は参考程度にして、2年目以降は自分が目標とする利益（所得）を達成するための事業計画を作っていく必要があります。

2年目以降は、前年の自分を越えよう

1年目の事業計画は、自分の数字（データ）がないので作成が難しいと思いますが、2年目以降は、1年目の数字（データ）を元に、事業計画の作成が可能です。そのためには、1年目の結果をきちんと数字（データ）で把握しておくことが大事になります。

そして、2年目以降は、毎年、前年を超える売上や利益を目標にしましょう。ただ目標を立てるだけではなく、具体的な数値やデータを基に、どの部分をどのように改善すればよいのかを考えながら新たな事業計画を作ることが重要です。事業計画は一度作って終わりではありません。状況に応じて柔軟に見直し、改善を重ねながら精度を高めていくことが、持続的な農業経営のカギとなります。

あなたが達成したい、実現したい農業経営を目指してください。

コラム

農業の面積を表す単位について

覚えておくべき単位

農業では面積を示す単位として、町《ちょう》・反《たん》・畝《せ》・ha《ヘクタール》・10a《アール》・a《アール》という単位、また坪も使われます。

1町は100m×100m＝1万㎡＝1ha

サッカーコート2面分よりやや小さいくらいの面積です。

1反は100m×10m×＝1000㎡＝10a

テニスコート4面分ぐらいの面積です。

1畝は10m×10m＝100㎡＝1a

バレーボールの片面より一回り大きいくらいの面積です。

1坪は約1・8m×1・8m＝3・3㎡

畳2枚分の面積です。

事業計画や作付け計画での面積の把握は必須ですし、肥料計算や農薬散布量計算、単位面積あたりの収穫量（よく「○○kg／10aあたり」が使われます）の計算などでこれらの単位が使われますので覚えておきましょう。

面積換算一覧表

単位	換算	メートル法
1a	＝10m×10m＝100㎡	100㎡
10a	＝100㎡×10	1,000㎡
1ha	＝100a	10,000㎡
1坪	＝畳2枚分の面積	約3.3㎡
1畝	＝30坪＝約1a	約100㎡
1反	＝10畝＝300坪＝約10a	約1,000㎡
1町	＝10反＝約100a＝約1ha	約10,000㎡

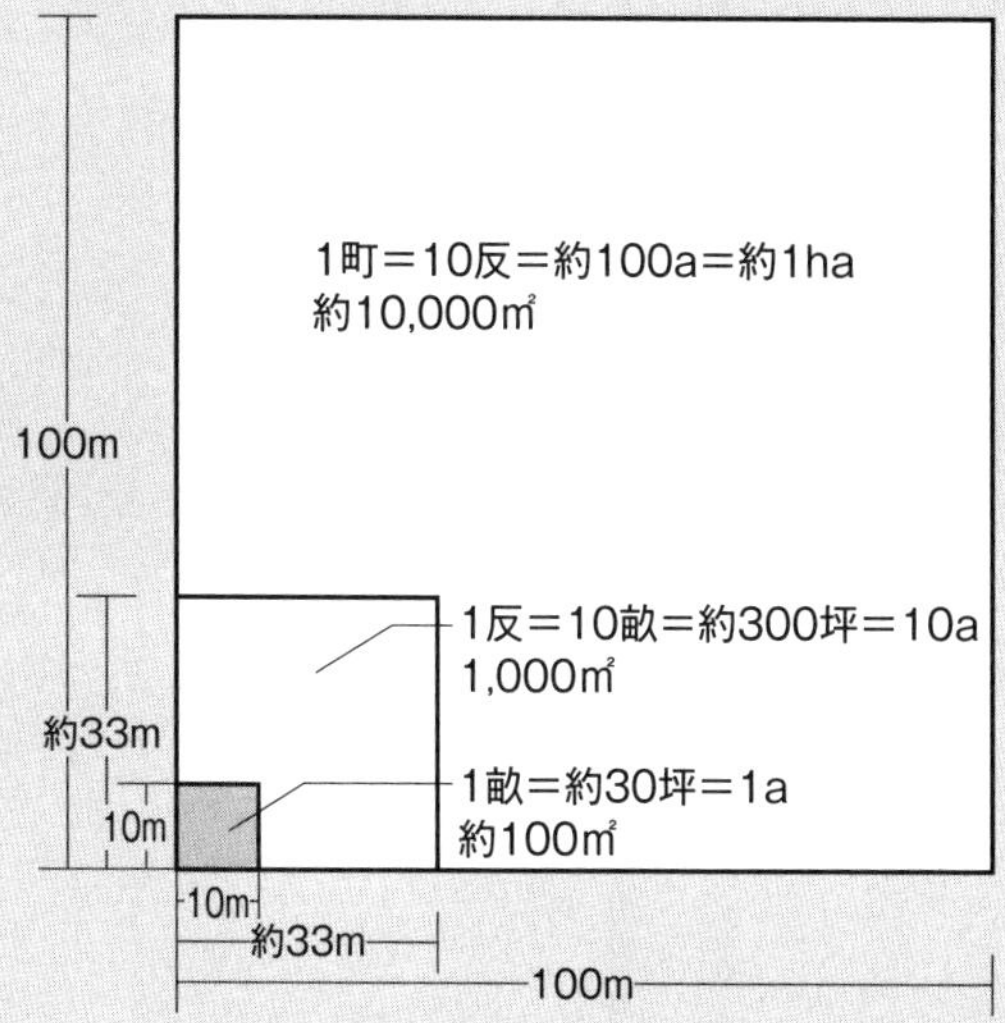

第 2 章

農業を始めるうえで必要なお金の知識

15

農業を始めるにはいくら必要か？

農業を始めるには投資が必要

農業を始めるにはいくら資金が必要ですか、と聞かれることもあります。しかし、残念ながらこれには即答することができません。なぜなら、どんな農業をどこでどのようにやりたいのかによって、その金額はかなり変わってくるからです。

ただし、一ついえることは、農業で生計を立てるには、**1000万円以上の投資**は必要になるということです。

農業を始めるには3つのお金が必要

農業を始める時には次の3つのお金が必要になります。それは**「生活資金」「設備資金」「運転資金」**です。

「生活資金」は生活をするために必要なお金です。

農業は、スタートしてすぐ収入を得ることができません。種子をまいて、芽が出て、実がなってそれを収穫して、販売。その時に初めて入金があり、それまでお金は出て行くだけです。もし、果樹栽培をやりたいなら、収入になるのは数年後ということもあります。

次に「設備資金」です。これは農業を始めるにあたって、トラクタを購入したり、ビニールハウスを建てたりする資金になります。いわゆる減価償却費に計上する費用が設備資金になり、この設備資金は比較的融資を受けやすく、また補助金なども用意されていることがあります。できるだけ、補助金を活用し、また融資を受けてスタートすることをお勧めします。

最後に「運転資金」です。これは、必要な生産資材を購入する費用だったり、パートを雇う場合の人件費だったり、水道光熱費だったり、設備資金以外のすべてのことに必要な資金のことです。特に農業を始める1年目は、すべて揃えないといけないので意外とお金がかかります。可能なら、ここは自分の生活資金以外の蓄えから捻出することをお勧めしますが、それが難しい場合は、融資を受けて農業をスタートすることになります。

必要なお金をどのように試算する？

農業を始めるにあたっての必要な金額を知識ゼロで試算することはかなり難しいです。そのために、農業を始める地域の自治体の担当者などに相談しながら試算しましょう。自治体の担当者の方がある程度の情報を持っているので、それを活用するのが近道です。

16 当面の生活資金はいくら必要か？

会社員として生活していた頃よりも、お金の管理はより重要になります。

生活に必要なお金を手持ち資金として確保する

農業を始めるとすぐには収入がありません。特に、夫婦で農業を始める場合は、農業しか収入がないので特にお金の管理が大切になります。最低でも1年分、可能なら3年分くらいの生活資金を用意し、そのお金は農業には使わないことです。

農業での収入は遅れてやってくる

前項でもお話ししましたが、農業を始める場合、一般的に、農業からの収入が入るのは、数カ月先になります。それまでは、色々な経費が出ていくだけです。

農業に必要なお金と生活に必要なお金を区別しないと、農業に必要なお金を支出しながら、生活に必要なお金もなくなっていくことになります。気がついたら生活するためのお金が手元に残っていないということにもなりかねません。

生活に必要なお金一覧

項目	カテゴリ	備考
住居費	家賃・住宅ローン	管理費や修繕積立金を含む場合あり
	光熱費（電気・ガス・水道）	
	インターネット・通信費	携帯代やWi-Fi料金など
食費	食材費	自炊と外食の割合で異なる
	外食費	
交通費	ガソリン代・交通機関費	通勤や通学、車の維持費含む
保険	健康保険料	年金保険や民間保険も含む
	自動車保険	車を所有している場合
	生命保険・医療保険	任意加入保険
教育費	学費（子どもがいる場合）	習い事や塾の費用を含む場合あり
趣味・娯楽費	趣味・レジャー用	
貯金・投資	貯蓄・投資用積立	将来のための資金
その他	衣類・美容費	
	医療費	病院代、薬代
	雑費（消耗品や日用品）	

では、生活に必要なお金とはどのようなものがあるのでしょうか。

例えば、家賃もしくは家のローン、食費、水道光熱費、携帯代や Wi-Fi 代などの通信費、自家用車のローンや維持費などが挙げられます。子育て中のお子さんがいる家庭なら、子育て費用や教育にかかる費用、生命保険・医療保険・自動車保険などの保険料、病院の診察代などの医療費、日用品を購入するお金も必要です。

また趣味・娯楽に使うためのお金や交際費も必要になりますし、将来を見据えての貯金・投資に回すお金もゼロというわけにはいきません。

ライフスタイルによって生活に必要なお金は違ってきますが、農業を続けていくためにも生活に必要なお金を書き出して、最低限どの程度必要か把握するようにしましょう。

子育て世代は特に注意が必要

子育て世代の方は、特に注意が必要です。高校や大学進学などこれからお金が必要になる可能性が高いです。その時にお金の問題で子供に寂しい思いをさせないためにもしっかりとした計画が必要になります。

将来にわたってどの程度のお金が必要になるのか、事前にライフプランを立てておきましょう。次ページにライフプランのサンプルがありますので、参考にしながら自分だけのライフプランを立ててみてください。身近な誰かに確認してもらうとなおよいでしょう。

ライフプランの例

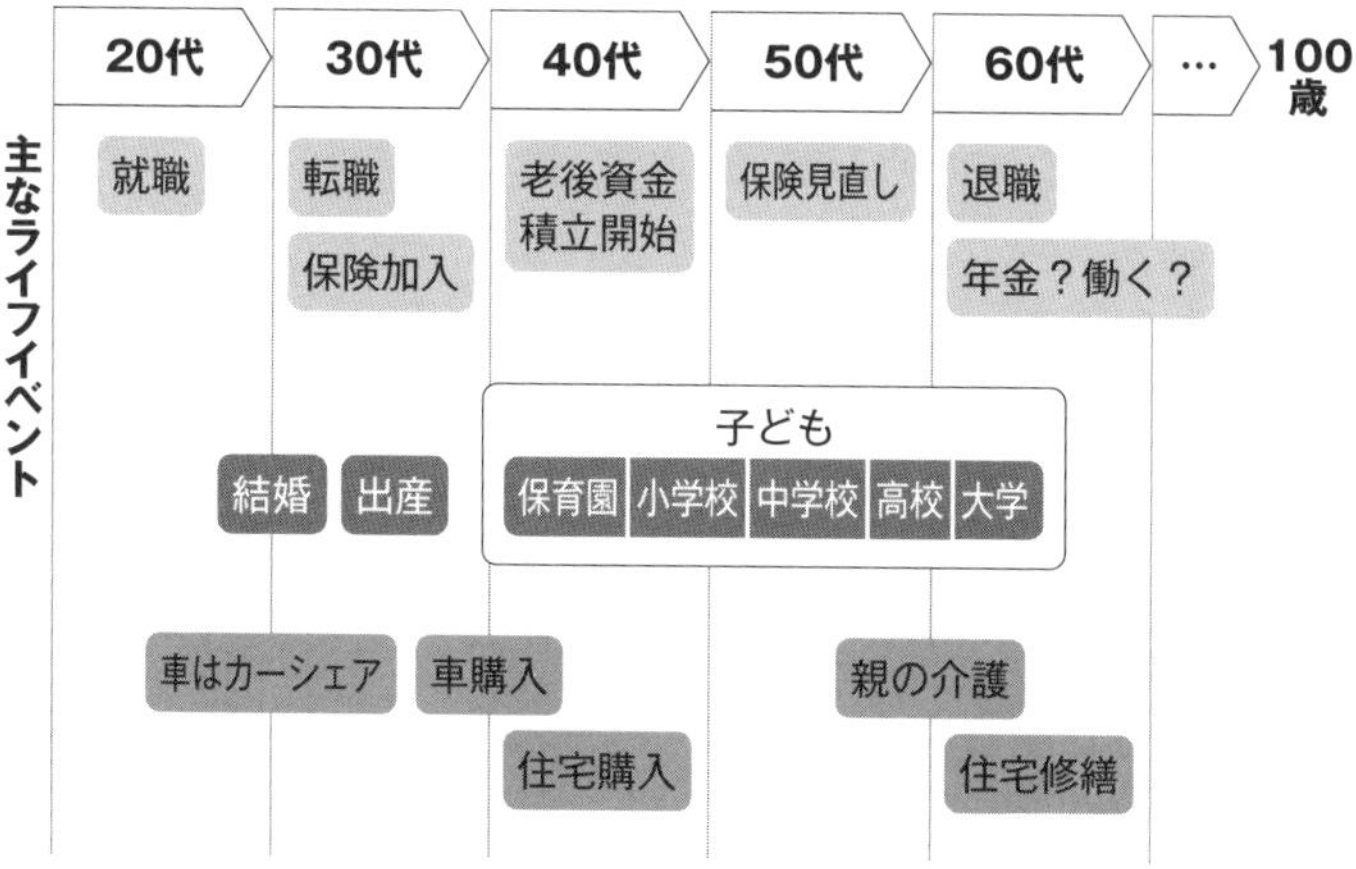

軌道に乗るまでは出費を抑えること

農業経営が軌道に乗って、農業でやっていける自信がつくまでは、できるだけ出費をおさえて、生活レベルを上げないことが大事です。一度、上げてしまった生活レベルを下げるのは難しいものです。

農業経営が軌道に乗るまでは、多少のことは我慢することも必要です。１日１杯のコーヒーやちょっとした間食を我慢し、１日３００～４００円使わないだけで月に１万円の余裕が出てきます。外食もできるだけ控えるようにしましょう。

17 農業に必要なお金ってどんなものがあるの？

農業に必要なお金

次に農業に必要なお金とはどんなものがあるのでしょうか。

正直なところこれから農業を始める人には全く想像がつかないと思います。しかし、情報を取りながら具体的なイメージができるところまで持っていきましょう。

確定申告の様式からイメージしてみる

農業に必要なお金について、確定申告書類の様式をチェックするとイメージがしやすくなります。この確定申告書類の様式は、あなたが農業を始めたら必ず作成して提出しないといけないものになります。

農業経営に必要で、使ったお金はすべて経費扱いになりますので、この様式のどこかの項目に必ず入ることになります。次項に勘定項目の具体例を載せていますので、参考にしてみてください。

農業経営指標

各都道府県に農業経営指標というものがあります。インターネット上で公表されているものもありますのでぜひ一度、調べてみてください。

現状にどこまで沿っているかはわかりませんが、都道府県庁がその地域で主に行われている農業経営について平均的な指針を作成しているものです。

手探り状態の方には、一つの物差しとして使えると思いますので参考にしてください。

現状にどこまで沿っているかわからないと記述したのは、あくまで平均的であること、稼いでいる農家は良い方向に数字が逸脱していることがあるからです。

農業機械や農業用施設は借入で対応する

農業に必要なお金のうち、農業機械や農業用施設はできるだけ借入で対応するようにしましょう。後ほど解説しますが、農業経営に対する融資は有利なものが多くあります。

何が有利かというと金利が安く設定されています。そのため、自己資金は、生活のための費用や農業の運転資金に回して、借入で対応できるものは借入をするほうが資金繰りは良くなります。

もちろん、借金なので返していく必要はありますが、よほどの自己資金を持っていない限り無借金で農業を始めるのは無理だと思いますので、借りられるお金は借りてしまいましょう。

18 経費とは？

経費になるものとならないもの

経費になるものとならないものの違いは「事業に必要なものかどうか」の一点です。あなたの場合は、農業に必要かどうか、になります。

例えば、確定申告書の様式に「作業用衣料費」という項目があります。農業をするうえで必要な作業着や長靴、手袋などは事業用として経費計上できます。

農家仲間で意見交換をしながら懇親をする場合の飲み代も、農業に必要な意見交換をしているので経費になります。さらに、行き帰りのタクシー代や駐車場、代行の費用も経費計上可能です。

勘定科目とは

勘定科目とは、取引の内容を分類して、帳簿に記録する項目のことです。そんなに厳密にならなくてもいいですが、勘定科目を揃えることで、経営分析をすることに役立ちます。

この辺りは、農業簿記の勉強をすると理解できます。

必要経費の各科目の具体例等

科目	具体例
雇人費	常雇・臨時雇人などの労賃及び賄費
小作料・賃借料	①農地の賃借料、②農地以外の土地、建物の賃借料、賃耕料、農機具の賃借料、農業協同組合などの共同施設利用料
減価償却費	建物、農機具、車両、搾乳牛などの償却費
貸倒金	売掛金などの貸倒損失
利子割引料	事業用資金の借入金の利子や受取手形の割引料など
租税公課	①税込経理方式による消費税及び地方消費税（以下「消費税等」）の納付税額、事業税、固定資産税（土地、建物、償却資産）、自動車税（取得税、重量税を含む）、不動産取得税などの税金、②水利費、農業協同組合費などの公課 ※所得税及び復興特別所得税（以下「所得税等」）、相続税、住民税、国民健康保険税、国民年金の保険料、国税の延滞税・加算税・過怠税、地方税の延滞金・加算金、罰金、科料、過料、交通反則金などは必要経費にならない
種苗費	種もみ、苗類、種いもなどの購入費用（自給分については、収穫した時の価額によって記入する）
肥料費	肥料の購入費用
農具費	農具の購入費用（少額な減価償却資産に該当するものに限る）
農薬衛生費	農薬の購入費用や共同防除費
諸材料費	ビニール、むしろ、なわ、釘、針金などの諸材料の購入費用
修繕費	農機具、農用自動車、建物及び施設などの修理に要した費用
動力光熱費	電気料、水道料、ガス代、灯油やガソリンなどの燃料費
作業用衣料費	作業衣、地下たびなどの購入費用
農業共済掛金	水稲、果樹、家畜などに係る共済掛金
荷造運賃手数料	出荷の際の包装費用、運賃や出荷（荷受）機関に支払う手数料
土地改良費	土地改良事業の費用や客土費用
雑費	農業経営上の費用で他の経費に当てはまらない経費

出典：税務署『令和6年分　収支内訳書（農業所得用）の書き方』

19 補助金・助成金はもらえるの？

もらえるもの、使えるものは使おう

他産業で独立起業する場合と農業で独立起業する場合の大きな違いは、補助金・助成金があるということです。活用できるものは最大限に活用したいものです。しかし、注意点もあります。補助金・助成金をもらった結果、足枷になってしまわないようにすることです。

なお、補助金と助成金に違いはあるようですが、それらを出す側の区別になるので、その違いは気にしないで大丈夫です。

どんな補助金・助成金がある？

どんな補助金・助成金があるかを見ていきましょう。ただし、補助金・助成金は年によって変わる可能性がありますので、必ず関係するところに確認をするようにしてください。

まずは国が出す補助金・助成金がありますす。お金の出所は国ですが、その窓口は市町村になっていることが多いです。次に、都道府県独自のもの、市町村独自のものがあります。これは、各都道府県、市町村に確認が必要です。それぞれの独自性によって、新規就

新規就農に役立つ補助金・助成金一覧

補助金・助成金名	主な要件	内容	最大交付額
農業次世代人材投資資金（就農準備資金）	就農予定時に49歳以下 前年の世帯所得が600万円以下	就農に向けて研修期間中の研修生に資金を交付	年150万円を最長2年間
農業次世代人材投資資金（経営開始資金）	就農予定時に49歳以下 前年の世帯所得が600万円以下	新たに農業経営を開始する者に資金を交付	年150万円を最長3年間
経営発展支援事業	49歳以下の認定新規就農者	機械・施設等の導入（購入）に対して支援する	最大750万円、補助率は事業費の3/4以内
青年等就農資金	認定新規就農者	無利子、実質無担保、無保証人で最大3,700万円の借入が可能	無利子で借入ができる
移住支援金	東京圏外に移住	地方移住者への支援金 都道府県・市町村によって内容は異なる	100万円
地域おこし協力隊	各自治体の委嘱を受ける	活動経費（報酬）や活動費（事業費）などを自治体を通じて支援する 地域おこし協力隊として活動しながら農業経営を目指す事例も増えている	任期おおむね1～3年

出典：農林水産省『新規就農の促進』
地方創生サイト『移住支援金』
総務省『地域おこし協力隊～移住・地域活性化の仕事へのチャレンジを支援します!～』

※2025年2月現在の情報です。

※その他、都道府県、市町村独自の支援制度がある場合もあります。できるだけ早めに、農業を始めたい地域の都道府県や市町村の窓口に問い合わせてください。

農支援にどの程度、力を入れているかがわかります。

農業に関わるもの以外も、地方移住に関する補助金や助成金を受け取れる場合もあります。このあたりも都道府県や市町村によって異なりますので、必ず確認をしてください。

補助金・助成金にはタイミングがある

補助金・助成金を受け取るにはタイミングが大事です。国の補助金には、年齢制限を設けているものもあります。また、申請のタイミングもあり、そのタイミングを逃してしまうと次年度の申請ということもあります。

さらに、予算がありますので、申請金額がその予算を上回ってしまうと、補助金・助成金を受け取れない場合もあります。

新規就農者向けの補助金・助成金でしばしば問題になるのが、農業を始めるタイミングです。すでに農業を何らかの形でスタートしていると、新規就農者ではないと見なされ、補助金の対象外になることもあります。この辺りは十分に注意が必要です。

タイミングを逃さないためにも、早め早めの行動と情報収集が必要です。さらに、補助金・助成金の情報は多岐にわたります。担当者もよく理解できていない場合もありますので、必要事項は必ずメモして、口頭だけでなく、書面で確認するほうがよいでしょう。

補助金の縛りと返還

補助金・助成金は、税金から、あなたにお金を渡すことになります。ですから、もらった方はそれなりの責任があります。例えば、新規就農者向けの補助金・助成金をもらったうえで、農業を始めたけど、要件を満たさずに離農した場合は、もらった分の返済義務が生じる場合があります。

また、その使い道に縛りがある場合があります。例えば、トマトを作る予定で補助金をもらったとして、途中でイチゴ栽培に変更したくても、それはできないこともあります。もし変更するなら、補助金返済になることもあります。補助金・助成金をもらうなら、もらうための計画を作りますので、その計画通りに進める必要があるのです。

補助金ありきか、なしでもやるか

補助金・助成金の原資は、みんなが納めてくれる税金です。それをいただく訳ですが、前述したように、補助金・助成金をもらう時は、もらうためのルールに則って農業を始める必要があります。

そこで大事なことは、補助金がなければ農業はしないのか、補助金がなくても農業をするのかを自分自身で決めておくことです。

補助金ありきで農業をスタートするつもりなら、補助金の窓口である行政としっかりとスケジュールなどを詰めて農業をスタートさせる必要があります。「補助金・助成金はあったらいいな」くらいでなくてもやるんだというつもりなら自分のやりたい形でやって、補助金をもらえたらラッキーくらいのつもりでいましょう。

20

収入と所得は別

勘違いしやすいお金の知識

今まで会社員だった人が、農業など個人事業を始める場合、間違えてはいけないのは「お金に対する知識」です。

例えば、収入と所得は明確に違います。収入1億円と聞くとなんとなくすごい感じがしますが、収入1億円でもその人が儲かっているかどうかは別。本当の儲けは所得なのです。

収入は売上と同じです。そして所得は、会社員で言う給料総支給額になります。

収入1億円（売上1億円）でも、経費が1億円なら、所得は0円です。つまり、給料0円ということ。収入3000万円でも経費2000万円なら、所得は1000万円。つまり給料総支給額で1000万円です。

売上の大小ではなく所得はいくらか

収入（売上）の大きな農業経営の話を聞くとすごく儲かっている気がしますが、本当に大切なのは所得がいくらになるかです。収入（売上）だけでなく、所得はどのくらい残っているのかに常に気をつけましょう。

そして注目を集めるために、「収入（売上）〇〇〇〇千円の農業経営を実現」などと書かれたものは、「それは収入（売上）だよね。中身（所得）はどうなんだろうね」と、気づく感覚を持ってください。

すごくシンプルな農業経営の考え方

ものすごくシンプルな農業経営の考え方を示します。

例えば収入（売上）1億円の農業経営をしている人は、経費を9000万円使って、1億円の売上を上げて、1000万円の所得（利益）を得ています。もし仮に経費を9000万円使って、収入（売上）が9000万円なら所得（利益）は0円です。収入（売上）が1億1000万円なら、所得（利益）は2000万円になります。

このように、あなたは、いくらの経費を投入して、いくらの売上を上げるのか、その差額があなたの所得（利益）になります。

お金の管理ができないと致命的

多くの農家を見ていて、一番経営が危ないなと思うのは、お金の管理ができていない方です。つまり、お金を使い過ぎてしまう、手元に貯蓄を残していない農家です。

農業は、その生産が天候に左右され、売上は、消費動向に左右される不安定な職業です。いい時もあれば悪い時もあります。悪い時を乗り越えて、強い農業経営を実現するには、手元に最低限必要な資金を残しておくことが必要なのです。そのためにはお金の管理ができないと致命的です。農業を継続するために一番大切なのはお金と、あなたの健康です。

一番シンプルなお金の管理方法

お金の管理が大事だとわかっていても、それができている人が少ないのが現状です。そこで、一番シンプルなお金の管理方法をお伝えします。それは、毎月1日（1日でなくても決まった日であればOK）に通帳を記帳し、残高をExcelなどで記録していく方法です。

大切なことは、通帳に残金が残っていること。それを毎月、定期的に確認するのです。そして、前の月より減ったなとか増えたなとか、前年の同じ時期より減っているなとか、増えているなとかチェックしてみてください。まずは、それだけでOK。

そのうちに、これから出費が多くなる時期だとか、収入が少なくなる時期だとかわかるようになってきます。

例えば、○月末には○○万円くらいの残高がないと経営を続けていくことができないので、お金を準備しないといけないなとか、判断できるようになります。ぜひ、毎月決まった日に通帳残高を確認して、記録する方法を実行してみてください。

盆暮払いのワナ

農業は土作りをして、播種をして収穫するまで数カ月かかります。

初期投資が多いうえに無収入期間が長いため、お金は出ていくばかり。そのため、肥料代や農薬代などの支払いを収入があるまで待ってくれるところもあります。

このことを「盆暮払い」といいます。お盆（8月）や暮れ（12月末）にまとめて支払う商慣習ですね。

要は、**盆暮払い＝ツケ＝借金**ということです。

また、ＪＡなどでは、通帳口座がマイナスになっても農業資材の購入ができる仕組みがあります。

これらの仕組みは非常に助かりますが、反面、お金の流れを複雑にしてしまいます。

盆暮払いは、例えば半年前に購入した農業資材の代金を払ったのか、払っていないのかを管理しておく必要があります。また、ＪＡのマイナス口座にはきちんと金利がつきますし、入金があったらマイナス分はすぐに相殺されて、売上があったのに口座にはお金が残っていないこともあります。

可能なら、盆暮払いはしない、口座残高はマイナスにしないことが大切です。

21 減価償却費について

減価償却を理解する

農業資金の金利は低いという話の前に、減価償却の話をします。重要なことなので、必ず理解するようにしてください。

広辞苑によると、減価償却は「使用及び時の経過のため固定資産に生ずる減価を各決算期ごとに費用として記帳していくこと」と記されています。

簡単にいうと、購入した固定資産（例えば建物、機械、設備、車両など）の価値が時間とともに減少することを、会計上で計上する仕組みです。これは、固定資産の購入コストをその資産が使われる期間にわたって少しずつ費用として配分するための方法です。資産の購入費用を一度に全額費用計上するのではなく、資産が使用される期間に分けて計上し、利益や税負担を適切にすることを目的としています。

減価償却の対象となるのは時間とともに価値が減る資産（建物、機械、車両など）で、土地のように価値が減らないものは対象外となります。

減価償却をシミュレーションしよう

減価償却を理解するために、具体的な数字を当てはめて考えてみましょう。

例えばトラクタを700万円で購入したとします。トラクタは複数年にわたって使用しますので、減価償却資産になります。その耐用年数は7年間です。トラクタの購入費用は、現金や融資を受けて、購入時に支払います。つまり、700万円の現金が手元からなくなります。

しかし、購入した年に700万円の経費にするのではなく、700万円のトラクタを耐用年数7年で割ると1年100万円になるので、毎年100万円を経費に計上します（定額法）。

1年目（正確には月割計算します）は700万円の現金は手元からなくなりましたが、経費にできるのは100万円。翌年からは、そのトラクタ購入費用の現実的な出費はありませんが、減価償却費用として100万円を計上することになります。

違う角度から見ると、100万円の現金の出費はないけど、100万円の経費計上をしてもいいということになります。

この減価償却費以外の経費は、原則的に現金の出費がなければ経費になりません。つまり、経費にするには現金を使う必要があります。

しかし、減価償却費は、現金の支出がなく

ても（厳密には購入した時にその分を一括して支出していますが）経費になります。

減価償却費と返済の関係性

さて、ここで減価償却費と返済の関係性という農業経営を行うために、非常に重要な知識をお伝えします。

一般的に、トラクタや農業用施設など高額になるものはＪＡや銀行から融資を受けて購入することになります。融資ですから、利息をつけて返済をすることになります。

問題なのはその返済金です。たまに返済金は経費になると認識している方がいます。あなたは違いますよね？

返済金は、利益（所得）が出て、その利益から税金などを支払い、その残りから準備することになります。もう少し専門的な用語で話すと、税引後の利益から返済する必要があります。

勘のいい人は気付いたかもしれませんが、**利益が出なければ、原則、返済金は返せない**ことになります。

しかし、ここから減価償却費と返済の関係性です。

減価償却費は、経費として計上した年には、現金の支出はありませんので、減価償却費で計上した分の現金は手元に残っているはずです。

もし、返済金の総額が、減価償却費の総額より少なければ、この減価償却費を元手に、返済が可能になります。

資金繰りが悪くならないように、できるだけ減価償却費の範囲内で返済金総額が収まるようにしましょう。

運転資金の借入にご注意を

減価償却費に計上できる機械設備を購入する際に、返済のメドが立っているなら融資を受けることは問題ありませんが、運転資金を借りなければならない時は注意が必要です。

なぜなら、運転資金で使ったお金は経費として消えていき、のちの売上から返済しなければならないからです。

運転資金の返済は減価償却費と関連がありません。

儲からない↓お金がない↓お金を借りる↓利息と返済分を稼げない↓もっとお金を借りる↓必要な運転資金が雪だるま式で増えていく……。

まさに自転車操業。この負のスパイラルに入ると抜け出すのは大変です。利益をしっかり出さないと返済が厳しくなっていきます。

利益が出る事業計画を基に農業を行い、事業を回す資金として運転資金を借りるよう心がけてください。そうすれば運転資金の借入は安心して経営できるキャッシュフローをもたらし気持ちも安定しますし、より農業に集中して仕事ができることでしょう。

22

農地は経費にならない

農地を買う場合

農業を始めるには、農地が必要です。農地は、「買うか」「借りるか」の2択で準備します。農地の取得に関しては、農地法に規定されており、各市町村にある「農業委員会」が窓口になります。

農地の価格はその地域によって様々です。タダ同然のところもあれば、それなりの価格になるところもあります。タダ同然に安いところは、耕作放棄地など、農業をするにも不利な農地で、さらに資産価値としても見込めないところ。比較的いい値段がするところは、農地として優良なところや資産として価値があるところになります。

具体的な価格はその地域で調べてほしいのですが、大雑把にいうと、10ａあたり、30万円程度の地域もあれば、１００万円を超える地域もあります。

さて、農地を買った場合、減価償却になるのでしょうか。結論から言えば、**農地の取得費用は減価償却費にならず、さらにどんな経費にもなりません。**農地は資産に分類されますので、損益計算、売上から経費を引いて利益を計算する式には入れずに、貸借対照表の資産の部に計上することになります。

例えば、100万円で農地を購入したら、現金の100万円はなくなるけど、資産価値100万円の土地が手元にありますよねという考えです。

農地を購入してもその購入代金は費用（経費）にはなりませんが、購入にかかる費用、登記費用や固定資産税などは経費になります。

農地を借りたらどうなるの

例えば、農地を年間1万円で借りるとします。この場合の1万円は**「賃借料」**という経費になりますので、経費計上してください。

しかし、農地は借りているので、きちんと契約書を交わしておかないと急に返却を求められることもあります。農地のトラブルは意外と多いので、農業委員会を窓口にきちんと契約書を交わしましょう。

農地は買うべき？ 借りるべき？

農地を買うべきか借りるべきかは、自分の状況と双方のメリット・デメリットを考えながら判断することになります。

手持ち資金に余裕があれば、購入を考えてもいいですが、余裕がなければ賃借の一択です。また、新規就農者には農地を売ってくれない場合もありますので、その時もまずは借りてから農業を始めましょう。

23 請求書を出さないとお金はもらえない

お金を回収するまでが商売

会社員だった人や初めて事業をやる人が戸惑うのが、お金の回収です。実は、意外とみんな払ってくれません。きちんと払ってくれる人もいますが、中にはそうではない人もいます。

2022年頃から始まった日本経済のインフレで、物価、人件費が上がり、経営が厳しい会社はたくさんあります。農家が取引している会社で、倒産した、破産したという話もよく聞きます。もし、倒産した会社、破産した会社と取引をしていたら、販売した代金の回収は非常に難しくなります。

2024年のことですが、ある知り合いの農家は、500万円の代金回収ができないまま取引先が破産して大変だと話してくれました。

さて、会社員をしていると会社が代金回収をしてくれるので、その担当部署に配属にならない限りは、お金の回収をすることはありません。だから、売った、納品したら商売が成り立ったと思って安心してしまうのです。

大切なことは、あなたの指定した銀行口座に入金があって取引が完了することです。

代金回収しなくても心配ない取引先は

しかし、農業業界は、零細農家が多いこともあり、代金回収を心配しなくてもいい仕組みがあります。それが、ＪＡ出荷や卸売市場出荷になります。この両者は、代金を回収できないことがないように仕組み化されているので、代金回収について心配することはありません。

あとは、庭先で現金取引などをする場合も、現金と商品をその場で交換するわけですから、代金回収ができないことはないですね。

請求書をきちんと出そう

当たり前ですが、請求書を出さないと入金はされません。請求書の書き方がわからない方、作成するのが初めてという方は、サンプルを載せていますのでぜひ参考にしてください。

注意点は、振込期日を明記すること。振込手数料をどちらが負担するか明記すること。振込手数料は、販売先（農家側）が負担することもあります。このあたりは、商慣習で、事前に確認しておくのがよいでしょう。

また、入金チェックは必ず行いましょう。入金が漏れる原因は様々です。請求書が届いていない、出したつもりが出し忘れたとか、請求書は届いていたけど確認が漏れていたとか、悪意はないけど入金がない場合もあります。

その場合、できればお互いの関係性を長続

きさせるためにも、入金予定日の翌日か翌々日くらいには入金がない旨を連絡するようにしましょう。遅れても1週間以内ですね。

請求書に記載すべきこと

請求書に記載する内容ですが、まずは請求書を発行する側（この場合はあなた）の情報として、名前、住所、電話番号、担当者、振込先情報があります。次に、相手先の情報として、取引先名、部署や担当者名は必要に応じて記載しましょう。さらに、発行日、支払期限を明記するように。

次に、取引内容の詳細です。商品名またはサービスの名称を記載して、数量、単価、金額（小計）、提供した日や納品日なども記載するとよいです。小計の合計、消費税額（税率を明記）、消費税込みの総合計金額を最後に記載してください。

また、適格請求書を求められる場合があるので、適格請求書発行事業者番号がある場合は番号を明記します。農業の場合は、食品を販売する場合が多いので、消費税率が10％なのか、8％なのかを明記するようにしてください。振込手数料を負担してもらう場合にはその旨を記載しましょう。その他、必要事項があれば備考欄を作って記載します。

請求書への捺印ですが、最近では必ずしも必須ではありません。紙で郵送する場合には、捺印したほうがきちんとした感じは醸し出せます。

請求書サンプル

請　求　書

○○○○　様　　　　請求日　20××年×月×日

ご担当：　○○○○　様

件名：　○○○○

下記の通り、ご請求申し上げます。

○○○○○**農園**
代表　○○○○
登録番号 T123456789000
宮崎県○○市○○ 123-4
TEL：090-1234-5678
担当：○○○○

合計金額　**¥7,600**（消費税込）お支払期限：　**20××年×月×日**

恐れ入りますが、お振込手数料は御社でご負担いただけますようお願い申し上げます。

商品名	数量	単価	金額
野菜セット※	5個	1,000	¥5,000
送料	1式	2,000	¥2,000

※印は軽減税率（8%）対象商品

小計	¥7,000
消費税(8%)	¥400
消費税(10%)	¥200
合計	¥7,600

【振込先口座】
○○銀行　○○支店
口座番号　（普通）1234567
口座名　○○○○○○○○○○○○

備考	

24 農業簿記を勉強してみよう

簿記って何？

簿記とは、企業や個人の経済活動を記録、計算、整理して、財務状況や経営成績を明らかにする手法です。簡単にいうと、お金の出し入れや取引を記録する方法のことです。つまり、あなたがこれから農業を始めたら、この簿記の手法に従って、お金の出し入れや取引の記録をつけていく必要があります。

簿記には、商業簿記や工業簿記、農業簿記といった事業ごとの用途に分かれたものがあります。

確定申告をするうえで必要になる

農業を始めたら、毎年、確定申告をする必要があります。最初から税理士にお願いする方法もありますが、個人事業でスタートするなら、自分自身で確定申告をすることもできます。

その確定申告をするうえで必要なのが、簿記の知識です。農家の場合は**「農業簿記」**の知識を得ておくとよいでしょう。

商業簿記などを学んだことがある方は、農

業特有の知識を農業簿記で学ぶだけなのでそんなに難しくないはずです。簿記の知識がないという方は、簿記の考え方に慣れる必要がありますが、できれば農業簿記を学んでもらうと、農業を始めてからが楽になります。

きちんと確定申告をするのは、事業者の義務ですから、怠らないようにしましょう。

簿記の考え方とは

簿記の考え方とは、農業経営の状況を把握するための視点や仕組みを理解することです。

簿記の3つの目的である**「記録すること」「整理すること」「報告すること」**を通じて、農業経営の現在地を明らかにすることができます。農業経営の現在地が明確になっているからこそ、中長期的なビジョンに基づき、今何をするべきかという課題が発見できるのです。

また、簿記の具体的な記録方法として仕訳《しわけ》という作業があります。詳しくは簿記の勉強をする時に学んでほしいのですが、ここでは簡単に解説してみますね。例えば、肥料を10万円分購入したら、肥料10万円分が手に入る代わりに、現金10万円がなくなることを記録するのです。

この仕訳によって、単に何かを購入するのではなく、購入したものがどのような役割を果たすのかを理解することができるようになります。

農業簿記はどうやって学ぶ

では、農業簿記はどのようにして学べばいいのでしょうか。お勧めの方法として、一般社団法人日本ビジネス技能検定協会が実施している農業簿記検定を受験する方法があります。

3級から1級までありますが、3級のみを学ぶことで十分です。

農業簿記検定では、教科書が指定されますので、その教科書を読み込むことで農業簿記の理解が進むでしょう。

農業簿記を学ぶことのメリット

では、農業簿記を学ぶことのメリットを3つお伝えします。

① 確定申告を自分ですることで経費削減

個人事業主の方に限りますが、農業簿記の知識があると確定申告を自分ですることができます。税理士に依頼するなどの費用を抑えることができます。

② 適切な節税ができる

農業簿記を学ぶことで、何が経費になるのか、どれが経費にならないのかを知ることができます。このことで、適切な節税ができます。経費に入れてもいいのに、経費計上していないともったいないのです。

③ お金の知識がつく

事業を継続させるためには、お金が大事で

す。お金のために農業をするのではないという人もいますが、種や肥料など生産資材の購入、人を雇うなどお金がなければ農業もできません。

どんぶり勘定では経営に行き詰まる可能性大

お金の動きを把握せずに経営することをどんぶり勘定と言います。これまでは、多くの農家がどんぶり勘定で経営をしていたと思います。しかし、これから先は、どんぶり勘定では経営に行き詰まる可能性が大きくなっていきます。

なぜなら、日本経済がインフレ経済に突入したからです。インフレとは、毎年、物価が上昇することです。今まで日本はずっとデフレ経済でした。デフレはインフレの逆で、物価が上がらないか、もしくは下がっていた時代です。

そして、これからはインフレ。つまり、農業生産にかかる費用が毎年、少しずつ上がっていく時代になったのです。

例えば、生産資材費が5％上昇するなら、何か対策をしないと利益が毎年減っていくことになります。

どんぶり勘定でお金の動きを把握しないで農業をすると、あっという間に利益がなくなってしまう可能性が大きいのです。

こうしたことにならないためにも、農業簿記を勉強して、農業経営を数字で把握しましょう。

25 借入について

どこから借りるのか

農業を始めるうえで、自己資金だけでスタートすることはかなり難しいです。そのため、ほとんどの方が借入をして農業を始めることになるでしょう。

借入をする金融機関は、例えば地域のＪＡや地銀、信用金庫や信用組合、日本政策金融公庫などです。特に日本政策金融公庫は、国が１００％出資する国策の金融機関なので金利など有利なものがあります。

借入をしたことがない方は最初戸惑うかもしれませんが、とりあえず窓口に行って、借入をしたい旨を伝えてください。彼らはお金を貸すことが仕事で、あなたはお客様です。１００％借りられるとは言いませんが、どんな書類が必要とか、借入の条件などを話してくれるはずです。経験を積むためにもいくつかの金融機関で話を聞くことが大事です。もし、複数の金融機関が貸してくれるという話になれば、一番条件がいいところをあなたが選ぶ立場になります。

新規就農の資金は借りやすい？

新規就農の資金は比較的借りやすいです。特に、農業関係の補助金・助成金を受けていたり、行政やＪＡの支援を受けたり、研修センターを利用して農業を始める準備をしていたりすると、融資に対してのアドバイスもしてくれるでしょう。市町村が認定する認定新規就農者に認定されることで利息が少ない融資を受けることもできます。比較的借りやすいのは、設備資金になります。農業機械や農業用施設の建設費用ですね。

無利子の融資がある!?

日本政策金融公庫が準備しているものに「青年等就農資金」というものがあります。

これは、市町村から認定新規就農者の認定を受けた個人・法人が対象ですが、全借入期間にわたり無利子になります。なんと、保証人も個人の場合は不要。法人の場合も、代表者が保証人になれば大丈夫です。

融資限度額は３７００万円で返済17年以内（うち据置期間5年以内）となっています。

なぜ無利子なのかというと、利息分は国が負担してくれているからです。つまり、見えないけれども補助金・助成金を受けていることになります。農業は、国民の食を支えるという観点や自然条件などに収入が左右される、収穫して売上になるまで時間がかかるなど、農業特有の状況を考慮して、無利子や利息が少ない融資を国が準備しているともいえます。

26

借入の返済について

返済の注意点

たまに勘違いする人がいますが、借入（融資）の返済金は「経費」ではありません。経費ではないので、農業経営の利益から返済することになります。利益には税金がかかりますので、税引後の利益から返済します。

もし、経営が赤字続きであれば、返済の資金が足りずに事業が成り立たなくなりますので、借入をしたら利益を出すことが大事です。

利息ありの借入の場合、返済金は経費になりませんが、利息は経費になりますので覚えておいてください。利息は経費、元金返済分は利益から出すことになります。

減価償却費以内に抑えることの重要性

経費の項目に「減価償却費」があります。減価償却費は、現金の支出を伴わない経費です（厳密に言うとすでに支出済み）。減価償却費分は、手元に現金が残っていることになります。この減価償却費内に返済金を抑えることができれば、資金繰りは楽になります。この減価償却費を返済の資金に充てるという考え方です。

農業機械や農業用施設の購入費用の借入が比較的簡単なのは、それらが資産になり担保価値があることと、返済金を減価償却費以内に抑えることで返済も楽になるからです。

一方、生産資材などの購入費用や人件費を運転資金といいますが、お金がなくて運転資金を借りてしまうとその返済が大変になります。なぜなら、運転資金は元金に利息を加えた金額を返済しないといけないからです。

据置期間は助かるけど

借入を受けた時に「据置期間」が設定されているものがあります。据置期間とは、返済を据え置きますよという期間です。例えば、据置期間が5年だと、5年後から返済してくれればいいですよということです。

この据置期間には注意が必要です。まず利息の支払いは発生します。据置期間の分、長く借りるわけですから、利息の総額は大きくなります。またお金の管理が疎かになるとすぐに自転車操業になります。据置期間は返済がないので、資金が手元に残りやすい（はず）です。手元にお金があると錯覚して、不要なものを購入したり、投資をしたりしてしまうと資金繰りにつまずくことがよくあります。

据置期間とは、投資をして利益が出るのに時間がかかるのでその期間を考慮しましょうという意味と、金融機関が少しでも長く借りておいてもらって、利息を払ってもらいたいという意味からできています。

据置期間終了後の資金計画、返済計画をよく考えて、農業経営をしていきましょう。

27 税金についての基礎知識

税金の種類

ここでは、農業を始めるにあたって知っておくべき税金を確認していきます。

今回は、個人事業主のパターンだけを取り上げますのでご了承ください。

○所得税と住民税

まず、所得税と住民税です。所得税率は、その所得によって変わってきます。日本の場合は、所得税は累進課税となっています。

住民税は、所得額の多い少ないにかかわらず10％程度です。つまり、所得税の税率＋住民税10％が合計した税率になります。

○固定資産税

農地を取得している場合は、農地の資産価値に応じて固定資産税がかかります。

農地の固定資産税は、その固定資産税評価額（公示価格の70％程度）に対して1・4％です。また、農業用倉庫や作業場も固定資産税が必要になります。

○消費税

農業生産をするうえで、肥料や農薬など様々な経費がかかりますが、それらを購入する時に支払った消費税の総額と販売する時に受け取った消費税の総額を計算し、受け取った消費税が多い場合はその差額を国に納めます。これが消費税の仕組みです。

○償却資産税

減価償却資産に該当するものには、償却資産税という税金がかかります。税率は取得金額の1・4％です。市町村に支払う地方税になりますので、窓口は市町村になります。

○事業税

法律で定められている70業種を営む個人事業主には事業税がかかります。税率は事業所得に対して3％〜5％（業種によって異なる）です。農業は非課税となっていますので関係ありませんが、畜産業は対象となっており、4％かかります。

税金も経費計上できる

所得税や住民税は経費になりませんが、それ以外の固定資産税や償却資産税、事業税などは経費に参入できます。また、自動車にかかる税金も経費参入可能です。ただし、事業（農業）に必要な部分だけになりますのでご注意ください。例えば自宅の固定資産税は事業と関係ありませんので、経費になりません。

28 消費税の免税事業者について

消費税を納めないといけない

農業を始めると**「事業者」**になります。そして、事業者になると原則、消費税を国に納めることになります。

日本の消費税の仕組みは、消費者が払った消費税を事業者が預かり、事業者が支払った消費税と受け取った消費税の差額を国に納める仕組みになっています。

原則課税と簡易課税

消費税を納める仕組みには、**原則課税**と**簡易課税**があります。

原則課税とは、取引のすべてを記録し、受け取った消費税額を足し算して計算し、支払った消費税の額も足し算して計算して、受け取った消費税から支払った消費税を引き算して、その差額を国に納税する計算方法です。

簡易課税とは、課税売上高が5000万円以下の事業者が選択することができる計算方法です。

課税売上高とは消費税を受け取る売上の合計です。例えば、補助金や助成金には、消費税はかかりません。しかし、売上には計上しないといけません。売上高から消費税がかからない補助金や助成金を抜いたのが課税売上高です。

簡易課税を選択すると、売上から支払う消費税を計算する簡易的な方法が認められています。受け取った消費税、支払った消費税を細かく計算する必要がありませんので、経理の手間が省けます。

消費税の免税事業者とは

さて、消費税に関する免税事業者もいます。これは、課税売上高が1000万円以下の事業者が選択できます。免税事業者であれば、受け取った消費税を国に納めずに、そのまま自分の売上としてもいいのです。これを益税と呼んだりしますが、受け取った消費税がそのまま手元に残るので資金繰りは助かります。

消費税の免税事業者になれるかどうかの基準は、2年前の課税売上高で判断します。つまり、開業して2年間は、開業2年前の売上がないので、免税事業者を選択できることになります。誌面の関係上、これ以上は詳しく書けないので、ご自身で必ず調べるようにしてください。

インボイス制度で免税事業者が廃止

2023年10月より「インボイス制度」が始まりました。よくわからないけど、言葉だけは聞いたことがある方もいらっしゃるのではないでしょうか。

すごく単純に解説すると、取引先からのインボイス（請求書や領収書）に適格請求書発行事業者の登録番号（インボイス番号）が記載されていないと消費税を支払っても消費税を納める計算には入れてはいけませんよというものです。そして、登録番号は免税事業者には発行されません。

これにより、原則課税を選択している事業者が免税事業者から仕入れをすると消費税分、経費が上がってしまうのです。

これは、実質的に免税事業者の制度を廃止していることになりますが、取引先が登録番号を求めてこなければ免税事業者のままでも問題ありません。

また、ＪＡや卸売市場出荷の場合は、免税事業者のままでも何ら今までも変わらないという特例もあります。

知らないと損する消費税の還付

さて、消費税を納める仕組みは、受け取った消費税と支払った消費税をそれぞれ合計して、その差額を支払いますとお伝えしました。ここでもし、受け取った消費税より、支払った消費税のほうが多かったらどうなるのでしょうか。

その場合は、多く支払った分は**「消費税の還付」**として、手元に戻ってくるのです。

しかし、この消費税の還付を受けるためには**原則課税**を選択しなければなりません。なぜなら、簡易課税では、課税売上高からしか消費税の計算をしませんし、免税事業者はそもそも消費税を納付しないので消費税の計算をしないからです。

どんな場合に還付になるのかを考えてみましょう。

例えば、売上が900万円で野菜を作っていると、食料品なので消費税は8％。つまり、受け取った消費税は、72万円となります。この農家が、ビニールハウスを1000万円で建設すると消費税は10％なので、100万円払うことになります。それ以外も肥料や農薬など生産に必要な経費には消費税がかかりますので実際には支払う消費税は多くなりますよね。わかりやすく、受け取った消費税72万円、支払った消費税100万円で計算しても28万円多く払っているわけです。

この場合は、消費税の還付を受けることができます。

このように、大きな投資をする場合は消費税の還付を受ける可能性が大きいのです。注意点は、**原則課税、簡易課税の選択は2年間変更できない**こと、**変更するタイミングは新しい事業年が始まる前**であることです。つまり、計画的に行わないと数十万円もしくは数百万円を損することもあります。

近くに詳しい方がいたら消費税の還付について相談してみましょう。

消費税の還付を受けたらその金額は雑所得として売上になります。計上忘れがないように注意してください。

コラム

農業はシャドウワークが多い

地域活動、自治会への参加など

農業経営をしていると「お金にならないシャドウワーク」が多いことに驚きます。

シャドウワークとは、無報酬で行われる労働のことを指します。よく代表されるのは家事労働や育児、介護、ボランティア活動などですね。

農業では、特に地方に行くほど人口も少ないためシャドウワークが多くなる傾向があります。

いろんな団体や地域活動する中で、役職を任されると年に数万円の手当が出ることもありますが、ほとんどはボランティア。持ち回りの役割です。

どんな地域活動や組織参加があるのか、列挙してみますね。

町内会などの自治会、自治会の連合会、納税貯蓄組合、営農組合（主に農業機械の共同利用）、農事組合（農協が束ねる地域の組合組織）、お祭り、地域の運動会、農協、農協の生産部会・研究会、出荷組合、水道組合、交通安全協会、地元のPTA、PTA連合会、土地改良区、農業委員会、商工会、青年団、農協青年部、農協婦人部、老人会などなど……。挙げだしたらきりがないほど、さまざまな地域活動や組織参加があります。

会合・会議がとても多い

私（寺坂）も40代の頃はいろんな役職を任されて、とにかく夜の会合・会議が多いこと。農閑期は昼の農作業より夜の会合のほうが多くて大変、年度末・年始総会がなんと14回もあってビックリしました。

ですが、これら地域活動への参加は、地域の中で良い人間関係を築き、みんなで地域を守り持続させていくためにも必要なことです。

くれぐれも、役職を抱えすぎて本業である農業に支障がでない程度に！　参加することが大切です。

草刈りがとにかく多い

その他、シャドウワークに該当するのが草刈り。エンジン草刈機を駆使しての畑の周囲や農業用水路、道路脇の草刈りがとにかく多いです。ですが、どれだけ刈ってもお金になりません（中山間地域などで国の補助がある場合もあります）。しかも1回だけではなく、年に何回も草刈りしないと畑の周囲があっという間に荒れ放題になってしまいます。

さらには共用している用水路・排水路などの「共同草刈り」もあります。

積雪地帯は除雪作業が欠かせない

これも全くお金にならない、けどやらなければならない作業です。敷地周りや道路への取り付け部分を除雪しないと、車の乗り入れや歩いて移動する時など雪が積もっているとそもそも生活に困ってしまいます。

日本海側だと雪が降る地域が多いので、降雪がひどい場合は毎日除雪作業をしなければならない、そんなケースも度々あります。

道具や機械のメンテナンス

これもお金にならない作業ですが、壊れてしまうと修理や買い替えをしなくてはならず、かえって高コストとなるので、地味ですが必要な作業です。

メンテナンスは1度サボリ癖がついてしまうと、なかなか改めて習慣化するのは難しいもの。「今日くらいはいいや」と思わず、日や曜日を決めるなど、ルーティン化するようにしましょう。

書類作成、申告業務

農業をやっていて意外に多いのが、書類を作成する業務。補助金申請や融資の申し込み、栽培履歴の提出、簿記会計の記帳、請求書の確認など、事務作業が意外に多いです。

農業を始めるとお金にならないけれど大切なシャドウワークが多い、ということを覚えておいてくださいね。

第3章

農業を始める前に決めておくべきこと

29

個人事業主か？　法人化するか？

農業を始める時は個人事業主が多い

農業を始める時に、個人事業主か法人化するかどちらが良いのでしょうか。どちらが正解ということはないのですが、個人事業主で始める人が多いのが現状です。

個人事業主として、農業を始める時の手続きは、税務署に開業届を出して完了です。あとは、事業を開始した年の12月31日時点での確定申告を翌年3月15日までに済ませれば、最低限やるべきことは済みます。

一方、法人化してスタートする場合は、株式会社（合同会社も同じ）の法人設立の手続きが必要です。これに、資本金とは別に、設立費用がかかります。資本金の額などによりその費用は変わりますが、だいたい30万～50万円程度は必要です。

また、個人事業主の確定申告は、自分で行うことが可能ですが、法人の確定申告は税理士にお願いすることになります。その税理士報酬が最低10万円は必要です。

さらに、法人は法人住民税を赤字の場合でも支払う必要があり、それが最低7万円です。

加えて、従業員の社会保険料の会社負担が

ありますので、人件費の負担も個人事業主で始めるよりかなり大きいといえます。

法人化する3つの理由

①　節税のため

個人事業主に比べ、法人化すると設立費用、税理士報酬、従業員の社会保険料の会社負担など支出が多くなります。その一方で、ある一定以上の利益（所得）が安定して出るようになると、個人事業主として所得税や住民税、国民健康保険料を払うより、法人化したほうがその支払い総額が少なくなる可能性があります。

おおよその目安として、課税所得が５００万円を安定して超えるようになったら法人化を検討してもいい時期になります。

②　事業承継のため

一般的に農業経営をすると多くの資産を個人で所有することになります。その総額が１億円近くになる方もいます。それを次の世代に引き継ぐとなると、資産価値分のお金で購入してもらう必要が出てきます。そこで、法人化して事業承継することでその負担を少なくすることや家族以外の第三者承継を選択する場合も事業承継しやすくなります。

③　将来、大きくする予定だから

大規模農業経営をする覚悟を持って農業に参入する人は最初から法人化でもいいと思います。また、第三者から資金支援を受けて農業を始める場合も、このパターンになります。

30 農業における雇用について

雇用をどのように考えるか

例えば農業を夫婦2人でやるとすると、作物の品目にもよりますが、売上1200万円前後（所得は250万円前後）で頭打ちになりがちです。

もっと売上を上げるために規模拡大するなら、方法は2つ。規模拡大しながら効率を上げるために機械化するか、増えた作業をこなすために雇用を増やすかです。

規模拡大に伴って雇用を考える時、注意が必要です。

それは「儲かっていないのに規模拡大するる」ことです。感覚的な話となってしまいますが、儲かっていない状況で雇用を増やし規模拡大すると、単純にもっと儲からなくなるからです。

この場合は雇用をする前に、栽培技術を上げて収穫量を増やし、儲かる仕組みを作るのが先。しっかり農業で稼げるようになってから規模拡大と雇用採用に取り組んでいくことが大切なポイントです。

スポットで雇用する

雇用と聞くと半年以上、1年以上雇うことを考えがちですが、「植え付けの集中する時だけ」「収穫出荷が集中する時だけ」など短期間でスポット的に雇用することも一つの方法です。

農業は**「適期適作業」**という言葉があり、どうしても季節の移り変わりや日々の天候に左右される仕事なので、植え遅れや収穫遅れなど作業の適期を逃して大きく減収してしまうことが度々あります。

この場合、経営規模がそれほど大きくなくてもスポット雇用を活用し作業ピークを乗り切ることができます。

短期の求人サイト「タイミー」など今は便利なスキマバイト募集サービスがあるので、調べて活用を考えてみてください。

初めてパート・アルバイトを採用する時は

スポットでの雇用ではなく、ある程度の期間雇用したい場合は、どこに募集をかければよいのでしょうか。ここでは代表的な3つの選択肢について取り上げます。

○ハローワーク

まずはハローワークへ行き事業者登録して求人申込書を書き提出しましょう。窓口の方が丁寧に教えてくれるので安心です。

求人票ができたらハローワークのほうで公開されます。

○求人サイトへの掲載

費用がかかりますが「Indeed」や「農業ジョブ」「あぐりナビ」など、農業の求人募集に力を入れているサイトに登録し募集をかけていくのも一つの方法です。

○縁故雇用

親戚やその知人など、縁故雇用も有力な求人募集方法です。働きたい人がいないか、声がけしてみましょう。

給与の決め方

募集要項の中でも、給与は雇う側にとっても雇われる側にとっても重要な項目です。

どの程度の給与が適当なのかわからない場合は、ハローワークで同業他社の賃金体系・時給を調べてみましょう。求人サイトでその地域の農業求人募集ページを見て調べるのもよいでしょう。

時給の決め方は、その地域の相場に合わせるのがベストです。高く設定しすぎても支払いが大変だし、相場を乱すので同業他社に迷惑をかけてしまいます。

一方、最低賃金ギリギリだと応募がこないかもしれません。ここは経営者としてあらゆる状況を鑑み、そのうえで見極めた時給単価設定をしていくしかありません。

源泉徴収について

雇用を決めたら税務署へ「給与支払事務所等の開設届出書」を提出します。そして所得税の徴収と納税、翌年の1月31日までに役所と税務署に各種書類を提出しなければなりません。従業員の人数や働く時間などによっていろんなケースがあります。源泉徴収に関することをしっかり調べ、給与計算ソフトなどを使って計算し、税の徴収と納付業務を効率よくやっていきましょう。

求人募集要項について

明確で魅力的な要項で人材を獲得しましょう。

仕事内容：具体的な作業内容、作業時間、一日の流れを記述。写真や動画も効果的。

勤務地：農園の所在地、アクセス方法を明記。

勤務時間：始業・終業時間、休憩、勤務日数を明記。繁忙期・閑散期の変動制なども。

給与：給与形態、試用期間中の給与、昇給・賞与の例などを明記。

待遇：各種保険、交通費、食事補助などの福利厚生を記載。

応募資格：年齢、経験、資格、求める人物像を明記。未経験者歓迎の場合はその旨も明記。

応募方法：応募方法と必要書類を明記。

その他：農園の特徴、アピールポイント、選考方法、問い合わせ先などを記載。

これらの記述で応募者の理解が深まり、ミスマッチを防ぎ、人材確保につながります。

31 農業における社会保険の役割

個人経営と法人経営での違い

個人経営と法人経営では、加入する社会保険料や負担が変わってきます。

個人経営のメリットは、保険料が比較的安いことと手続きがシンプルなことです。

逆にデメリットは将来受け取る年金が基礎年金のみなので心細くて不安があること。個人経営者なら国からの助成がある「農業者年金」にも加入するなど、老後に備えた取り組みをしたほうがよいでしょう。

一方、法人経営のメリットは従業員の福利厚生が充実（特に将来受け取る年金額が手厚くなる）し、採用にもプラスに影響することです。定着率も良くなります。

デメリットは法人化をした場合、社会保険料の事業主負担分が一気に増加し経営を圧迫します。これを考慮しつつ事業計画を立て農業経営していかなければなりません。

また、社会保険関連のルールや計算が煩雑で大変。これらを社会保険労務士にお願いすると新たな費用発生となりますが、事務作業の負担が楽になり頼もしい存在となります。

個人経営と法人経営での社会保険の違い

項目	個人経営（自営業）	農業法人（役員・従業員）
医療保険	国民健康保険	健康保険
保険料負担	全額自己負担	事業主と被保険者で折半
給付内容	診療費の7割	診療費の7割
手続き窓口	市町村役場	健康健康保険組合
年金保険	国民年金	厚生年金
保険料負担	全額自己負担	事業主と被保険者で折半
年金給付額	基礎的な保証	基礎年金＋上乗せ年金
手続き窓口	年金事務所	年金事務所

フルタイムで働くなら社保に加入

ザックリですが、「労働時間・労働日数が一般社員の4分の3以上」働く方は社会保険の被保険者となります。フルタイムで働くパート・アルバイトは社会保険に加入しなければならない、ということになります。

働き方について本人の希望を聞き、対応していく必要があります。

社会保険に関することには様々な条件やルールがあるので、よく調べて勉強しておくことが大事です。

手続きや対応が大変な場合は費用がかかりますが、社会保険労務士のサポートを受けるとよいでしょう。

32

雇用するなら労働保険に入ろう

従業員の安全や生活を守る労働保険

農業経営において労働保険（労災保険と雇用保険）は従業員の安全や生活を守る重要な制度です。農業では「常時5人未満雇用する事業所」は任意加入ですが、5人以上の雇用があると強制加入となり、加入していない場合は罰則の対象となる可能性があるので、注意してください。

労災保険（労働者災害補償保険）

業務中や通勤中に怪我をしたり、病気になったり、最悪の場合死亡した場合に、治療費や休業補償、遺族への補償などを行う公的な保険制度で、保険料は事業主負担です。地域にある労働基準監督署で手続きをしてください。

雇用保険

雇用保険は失業したり休業したりする場合など、生活の安定や再就職を支援するための制度です。

基本手当（失業手当）、再就職手当、育児休業給付金、介護休業給付金、教育訓練給付

金、高年齢求職者給付金などの給付を受けることができます。

保険料は事業主と労働者の折半です。地域にあるハローワークで手続きをします。

加入条件は、①週20時間以上の労働時間がある、②31日以上の雇用があること。アルバイトやパートも対象となりますので、雇用前に勤務時間などを必ず取り決め、紙面に残しておきましょう。

重大事故を起こし事業存続できないことも……

「アルバイトが機械に巻き込まれる事故を起こし片腕を失った。労災保険に加入していなかったため、経営側に5000万円の損害賠償請求がきた」

うちは小さな農園だから……、と、労災保険に加入していなかったばかりに経営が破綻する事態になった、そんな悲惨な話も実際に聞こえてきます。

農業は危険な作業も多いので、労災保険は働く人々を守る大切な制度です。

繁忙期のみ短期間で雇用する場合でも、条件を満たしていれば労働保険の加入が必要です。

従業員の生活と農業経営を守るためにも、必ず労働保険には加入しましょう。

33 どこで農業をするか？

農業を始める場所はどこがいい？

新規就農する場合、「どこで農業をするか？」という選択は農業を始める時、大切なことです。特にそれまで、全く農業と関わったことがない新規就農者は、そもそもどこで農業を始めればよいかわからず、頭を悩ませることと思います。

多くの場合は、何らかの縁やつながりがある地域で農業を始めることが一般的ですが、もし全く縁がない場合でも、大丈夫です。全国各地で行政が行っている新規就農者支援サービスや移住の支援サービスがあります。「就農相談会（新・農業人フェア）」などのイベントも開催されているので、積極的にイベントに参加して情報を集めましょう。

産地ではない地域での就農

農業の成功はその土地や地域に依存することが少なくありません。就農する場所でその後の農業の成功が決まってしまうこともあります。就農する場所選びは実際にやられている方から情報を集めてよく検討することをお勧めします。

作物ごとに**「産地」**と呼ばれるものがあります。産地とは特定の作物に強い地域のことです。特定の作物に強い産地では、該当する作物で農業を始める場合、就農や就農後のサポートが充実しています。補助金制度や融資制度のサービスが手厚く提供されていますので、これを利用して少しでも自己負担の少ない形で始めるのもよいでしょう。

しかし、新規就農者の家庭の事情などにより、誰しもが希望する産地で農業を始められない場合もあります。もし特定の作物に強い産地に就農できない場合でも、工夫を凝らすことにより農業の成功への道はあります。

そのためには作物の選定が重要です。

例えば、イチゴやブドウ、メロンなどといった果菜類や果樹と呼ばれる作物は、自ら直販することが可能で、単独での販路の開拓がしやすい作物です。その際、高単価で販売できる作物を選ぶことも収益力を高めるために大切な選択です。このような販売方法で成功されている農業者も非常に多いです。

気を付けたいことは、野菜などの直販しにくく、大きな産地がある作物の場合は、契約栽培など販路を決めてから就農することが大切です。

「作ってから売るのではなく、作る前に売る」意識を持つことが大切です。

農地は農業を始めてしまうと簡単には変更できないものですので、あらゆる視点から考え、自分にとって最適な場所を選ぶようにしましょう。

34 何を作ったらいいのか？

地域に産地指定の作物がある場合

農業で成功するためには、栽培する作物の選択が非常に重要で、特にマーケティングの観点から、適切な作物を選ぶことが大切です。就農する地域の気候や土壌は栽培可能な作物に大きく影響するため、その地域で特に力を入れている作物を選ぶとよいでしょう。

地域が特定の作物の産地である場合、既に確立されたブランド力を活用できるというメリットがあります。このような産地では、ＪＡの部会を通じての有利な販売や、補助金や融資を受けやすいといった利点もあります。

また、数百人規模の部会や長い歴史を持つ産地では、高度な栽培技術や情報を学べる機会が多く、最新の情報にもアクセスしやすいことが多いです。

日本の市場では、作物の取引価格は量と品質で決まりますが、ブランド力が強い作物を生産する産地は市場で優位に立ちやすいです。個人で市場に出荷する場合、物量と安定出荷がなければ注目されにくいですが、部会を通じて出荷すれば新規就農者でも規格に合った作物を出荷することで、他の農業者と同価格で取引されるといった大きなメリットがあります。

地域に産地指定の特定の作物がない場合

地域に産地指定の特定の作物がない場合は、直販型のビジネスモデルや契約栽培などを検討しましょう。この時大切なことは、栽培技術の習得と販路の確保です。栽培技術を取得するためには、農業大学校などで学んだ後、その作物を栽培されている農業者の下で研修を受け、実際に農業しながら栽培技術を学びます。その際、経営している農家の目線を意識して、自分が農業をしていると仮定して学ぶことが大切です。農業研修する農業者と知り合うには新規就農をサポートしている行政などに相談してみてください。

直販型の農業を行う場合は、トマト、イチゴ、メロン、スイカなどの果菜類や、ブドウ、モモ、柑橘類、ナシといった果樹類が選ばれることが多いです。これらは消費者に直接販売することで、高い収益を得ることできます。

中には1反あたり1000万〜2000万円売り上げている農業者もいます。

野菜に関しては、食品会社と契約して年間を通じて一定の金額で取引する契約栽培という方法もあります。メリットは市場の相場に左右されず、売上の見込みが立てやすいことで、デメリットは天候不順の時も契約数量をきっちりと納める義務があることです。

35

どこで売ればいいのか？

作ることと売ることは農業経営の両輪

農業で成功するためには、作物を育てる技術を高めることと、作った作物を「どこで売るか？」という販路開拓が大切です。どれほど作物を上手に育てても、それが売れないと収益は上がりません。

また、どれほど営業が上手で、販売先があったとしても、作物を上手に育てられないと売るものがなく、これまた収益はあがりません。

作ることと売ることは農業の両輪です。両輪をバランスよく行っていくことが大切です。

現在は、農作物を売るための販路には様々な選択肢があります。ＪＡや市場への出荷、スーパーマーケットや食品加工メーカーとの契約販売、スーパーマーケットの直売コーナーや道の駅などの直売所、オンライン販売、軒先での直売などがその例です。

それぞれの販路にはメリットとデメリットがあるので新規就農者は自分の農業ビジネスのモデルに合った販路を選ぶことが大切です。

ＪＡの部会を通しての市場出荷

今でも主流の販売方法は、ＪＡの部会を通しての市場出荷です。

大きい規模だと部会員が数百人になることも珍しくありません。1年を通じて大量の農作物が、安定した品質で安定した数量を出荷できる産地や部会の市場は評価が高くなります。そのため、市場でも平均以上の安定した相場がつきます。

また、全体的に安値の時も市場を通した安定した顧客がいるため、優先的に取引されます。

市場の相場は供給量に左右されやすいため、物量が少ない農家にとって部会に加入して共同で出荷することは、作物作りに集中できるというメリットになります。

デメリットは相場の影響を受けやすいことです。より高単価で販売したくてもなかなか難しい、個人のブランドが作れないという点には注意しましょう。

契約栽培

契約栽培としては、スーパーマーケットの本部や食品加工会社との契約があります。業者と事前に作物の種類、出荷量、価格を取り決めて、生産出荷する販売方法です。取り決めを事前に行うので、安定した収入を得やすいメリットがります。

特に業者の定めた基準を満たすことで、安定的な再生産できる価格で作物を販売できる場合が多いです。業者からは安定した品質と生産量を求められるため、高い栽培技術や計画的な生産が重要ですが、信頼をえることにより長期的なパートナーシップを築くことができます。

デメリットは、相場が高い時も安定した価格での出荷を求められることです。相場が高い時は天候不順な時が多いので、安定的に出荷できる高い技術力が必須となります。

契約書を必ず取り交わし、価格や数量を明記することが大切です。

直販

直販やオンライン販売については、価格を自由に設定し、高利益を得ることができるメリットがあります。実際に売れるかどうかは別として、スーパーに出すと200円になるものに、500円や1000円という値段をつけてもいいのです。

直販では、地域の直売所や道の駅、マルシェ、自農園での軒先販売などがあり、直接、消費者に販売することができます。中間業者を通さないので、価格決定権と高い利益率が期待できます。

消費者との対面販売を通して、農作物の魅力や価値を伝え、信頼関係を築くことも大切です。

オンライン販売

オンライン販売では、SNSやインターネットを活用することにより、全国の消費者にアプローチすることが可能です。ＳＮＳを通じて農業活動を発信することで消費者との絆を深めることができます。

これらの販売手法のデメリットは、消費者の消費動向に合わせて販売数が左右されること。そして、価格は市場の相場の2倍以上を標準として、それよりも、できるだけ高く売る工夫をすることが大切です。

よくある値付けの間違いは、自分の生活レベルに合わせた値付けをして安売りをしてしまうことです。

お客様の価値観は千差万別です。値段が安いということは価値が低いということなので、そういった価格の農作物の購入を避ける消費者もいます。

価格＝商品の価値ですから、自ら価値を落とすような値付けは注意が必要です。消費者が感じる価値に見合った適正な価格をつけるように注意しましょう。

ブランディング活動としては、第三者に評価されることやメディアに取り上げられることが大切なＰＲポイントになり、高単価の値付けが可能となります。

オンライン販売の基本はリアルな対面販売から学ぶことができます。リアルな対面販売の経験を積むことで、オンライン販売もうまくできるようになります。

36

販売を促進するには

地産地消はセールスポイント

農業をしている地域内での販路開拓での一番のセールスポイントは、**「地産地消」**です。地産地消とは読んで字のごとく、地域で生産されたものをその地域で消費する活動のことです。

地元の飲食店や宿泊施設などと提携し、農作物を供給することで輸送コストを抑えつつ、地域ならではの販売を行うことができることがメリットです。特に消費者にとって新鮮さは一番のメリットになります。

また観光地では、地元特産品としてPRすることにより、高い付加価値をつけることができます。

地元の他業種の経営者とネットワークをつくることも重要で、農業を地域全体で支えてもらう仕組み作りをすることが大切です。

農作物に付加価値をつける

農作物を加工品として販売したり、観光農園を運営して消費者に農業体験を提供したりすることにより、高い付加価値をつけて販売することも可能です。

また有機農作物に対する消費者の需要も高まっており、それ自体が付加価値となって販売することが可能です。

有機農作物は安全や環境に意識が高い消費者が購入する傾向が強く、その分、通常より高い値段であっても、食の安全性の観点からも付加価値を認めている消費者が多いです。

ただし有機農作物は誰でも作って販売できるわけではなく、国が定める有機ＪＡＳ法の認証を受けた農業者のみが有機ＪＡＳマークを貼って販売できるので、よく調べたうえで必ず法律を遵守しましょう。

販売チャネルの多様性

現在は販売チャネル（経路や方法）が多様な時代です。農業に慣れてきて販路拡大するぞ！という時にも、いろいろな販売先の選択肢があります。

例えば、メインは直販で伸ばしつつオンライン販売（ＥＣ）も始めてみる、自社ＥＣサイトだけでなく産直ＥＣサイト（農作物などの商品を生産者が消費者に直接販売するサイト）にも出品してみるなど、販売先は様々です。

販売チャネルを1つに絞らず、複数持っていることは農業経営を安定させるための大きなメリットです。複数の販売チャネルを組み合わせることにより、気候変動や市場の変動などといったリスクを分散して、より安定した農業経営が可能になります。

37 誰が何をやるのか？

2人以上で農業をやると作業を分担できて効率がアップします。1日の収穫や出荷調整の仕事を分担してもよいですし、経営面での役割を分担することができます。例えば、①栽培全般、畑作業、②出荷・発送作業、③販売を中心に畑作業のサポート、④経理・総務を中心に畑作業のサポートのように、経営面から役割分担すると従業員が増えるごとにやれることが増えていきます。一方、労務管理や給与計算など農業をしていくうえでやらなければいけないことが増えていくことを覚えておきましょう。

農業は役割分担が大切

1人で農業するのでしたら、農作物生産をはじめとした経営にまつわる仕事を全部やっていかなければなりません。しかしながら当然、時間も労力も限られています。

ですので、年間スケジュールから決めてそこから月間、1週間、1日までスケジュールを落とし込み計画を立てていきましょう。そして実際には、天候変化や作物生育状況などに合わせ、柔軟に作業を組み立て直して進めていきましょう。

ておいてください。

栽培技術は経営者が身につけておく

農業で収益を上げるためには、とにかく生産面において高品質・高収量を目指し続けなければなりません。作れないことには、売ることもできないからです。

この一番重要な「栽培技術を経営者自身が身につけている」、「安定して作物を育て収穫できる」という栽培技術を担う部分は、役割分担で従業員に任せたりするのは危険です（大規模農業法人は違ってきます）。

生産面を担い栽培技術を持った従業員がけがや病気で入院したり、辞めたりしてしまうと、とたんに農業の継続が困難になってしまいます。ですので、農業で一番大切な部分「栽培技術」については経営者が責任を持って担い、さらなる栽培技術向上に努めていくのがよいでしょう。

お互いが助け合う

「自分の仕事以外は関係ない」ではチームの力を発揮して生産効率を上げることができません。

例えば、「天気が良くて作物の生育が進み、一人では収穫しきれない！」という局面が多々あるのが農業です。あらかじめ従業員に「あなたのメインの仕事は○○ですが、忙しい時は○○の作業や○○の仕事などもお願いすることになります」と、事前に説明し承諾を得ておくと、「仕事内容が話と違う」など後に起こるトラブルを防ぐことができます。

38 農業機械や施設はどうやって準備するか？

農業機械は新車がいい？　中古がいい？

農業を始めるにあたり農業機械を購入する必要があります。農業機械は非常に高額な投資になるため、購入するお店の選定や資金の調達が重要。しっかりと就農計画書を作成して計画的に購入しましょう。

農業機械の購入には新車と中古車がありま す。新車は性能が良く、故障のリスクも少ないですが、価格が非常に高いです。これに対して中古車は購入費用を抑えられますが、故障やメンテナンスにかかる手間やコストが増える可能性があります。どちらを選ぶかは、予算や経営計画に基づき慎重に決めましょう。

購入は、農業機械専門の農業機械店で行います。最近は中古機械などは、インターネット販売などもあります。地元の農業機械店やJAから購入するとアフターサポートが充実しているなどのメリットがあります。特に中古車の場合は修理が必要となることが多いので、信頼できるお店を選ぶことが大切です。

農業機械を買う資金はどうする？

農業機械は高額なため、農業用の融資を受

けることや補助金の活用が大切です。日本政策金融公庫やＪＡ、地方自治体では新規就農者向けの融資制度や補助金制度を提供しています。これらを活用すれば多額の初期投資の負担を軽減することが可能です。

また機械を購入する代わりにリースを利用する方法もあります。リースを活用すると初期費用は抑えられますが、長期的にはコストが増える可能性があるので経営計画に合った選択をするようにしてください。

環境制御などの自動管理システム

現在農業の現場では、温度や湿度、光量、二酸化炭素濃度などを自動的に調整する環境制御機器が広く活用されています。作物に最適な環境を自動で整えることで効率的な生産が可能です。とても便利な反面、初期の段階からすべてを自動化・機械任せにしてしまうと、農業に必要な基本的な栽培技術を十分に身につけることができない可能性があります。

最初は手作業で作物を管理し、成長の過程や環境の変化に対する作物の反応をしっかりと観察することが、技術の向上につながります。五感を最大限に活用して農業に取り組むことが大切で、その基礎があって初めて自動化システムもうまく使いこなすことができるようになります。

農業では、予期せぬトラブルがつきものです。システムがうまく機能しない状況でも、自分自身で問題に対応できるだけの技術を持っていれば、適切に対処することが可能です。

39 各種手続きと補助金・助成金について

新規就農者向けの補助金について

農業を始める際には、他産業と比べて非常に手厚い補助金・助成金があります。農林水産省の「新規就農者育成総合対策」として、2025年2月現在3つのメニューがありますので、それぞれを簡単に解説します。

① 経営発展支援事業

農業機械や農業用施設、家畜や果樹などを取得（リースも可能）する場合は、上限750万円の補助が出ます。

② 就農準備資金

こちらは、新規就農を目指して研修期間中の研修生に対し、月額12・5万円（年間150万円）が最長2年間、支援されます。

③ 経営開始資金

新規就農者に対し、月額12・5万円（年間150万円）が最長3年間、支援されます。

すべて活用すると3年間で最大1300万円ものお金が国などから支援されることになります。

ただし、年齢制限や前年の所得制限が設けられているなどいくつかハードルもあります。また、途中で農業を辞めてしまうと返還の義務が生じる場合もありますので、注意が必要です。

これらの補助金・助成金の申請窓口は大抵市町村になりますので、支援を受けたい方は、まず初めに市町村の窓口に行き、補助金・助成金の対象になるのかどうかを必ず確認してください。

開業届の提出は注意が必要

前出の補助金・助成金を受ける時に注意が必要なのは、いつ農業を始めたのかという認定です。すでに農業を始めている人は対象にならない恐れがあります。

例えば、開業届を出していたり、農業機械などを購入していたり、農地をすでに借りていたりすると、農業を始めていると認定され、受給できない可能性があります。農業を始める際に、補助金・助成金を受ける場合にはそのタイミングに十分注意しましょう。

移住関係や事業承継の補助金・助成金もある

近年では、都市部から地方へ移住する際の補助金・助成金も充実しています。これは都道府県や市町村によってメニューが違いますので、該当する場合は調べてみてください。

また、農地や農業機械などを引き継ぐ時に、事業承継の補助金・助成金が使える可能性もあります。

40 新規就農のために準備しておくもの

農業するための環境の整備

新規就農にあたっては、農業を行うための施設や環境を整えることが大切です。農地や施設を整備するだけでなく、労働環境の整備、機械や作物の保管、出荷や販売に向けた出荷調整施設の整備など、農業を始めるために必要な準備を事前に計画しておきましょう。

農業を始めるにあたり、農地の設備を整えることに加えて、従業員が快適に働ける環境を整えることも重要です。農業は屋外作業が中心で、季節や天候によって作業環境が変わります。

特に従業員を雇う場合、着替え場所や休憩スペース、清潔で使いやすいトイレなど、従業員が働きやすい環境を整えることも大切です。小規模な農園でも、着替えスペースや簡易トイレなどの設備を確保しましょう。従業員の満足度が高ければ、それが生産性の向上や、農業経営の安定化につながります。

機械や道具の保管

機械や道具の保管場所の確保も大切です。

農業機械は高価で、適切な保管がなされていないと劣化や盗難のリスクが高まります。屋外に機械を置きっぱなしにしておくと、雨風にさらされて機械が故障したり、錆びたりする可能性があります。

これを避けるためには、農業機械専用のガレージや倉庫を設けることが大切です。予算が限られている場合でも、最低限、機械にカバーをしたり、簡易的な保管場所を用意したりして、機械を保管しましょう。

盗難防止のために、鍵付きの保管庫や防犯カメラを設置するなど、安全対策も欠かせません。

機械の保管がしっかりしていると、寿命が延び、メンテナンスや修理にかかるコストを抑えることができるため、長期的に見ても大きな利益になります。盗難されても大丈夫なように保険も必ずかけるようにしましょう。

肥料や農薬の保管

農業に使用する農薬や肥料の保管も大切です。肥料や農薬は、適切に保管しないと劣化や誤使用のリスクが高まります。農薬は専用の保管庫を設け、厳密に使用期限を守り、適切な管理を徹底する必要があります。肥料も湿気を避け、乾燥した場所で保管することで、品質を保つことができます。

農薬や肥料の管理を含め、農業全般における安全性や効率を高めるために、ＪＧＡＰ（Japan Good Agricultural Practices）の認証を取得することも検討してください。ＪＧＡＰは、食の安全や環境保全を目指した農業管理基準であり、農薬や肥料の適正な管理に加え、従業員の安全、トレーサビリティなど、幅広い側面に対応しています。JGAP認証の取得により、消費者や取引先に対して、信頼性の高い農業経営をアピールすることができ、持続可能な農業を実現する基盤が整います。

出荷調整のスペースの確保

収穫した作物を市場に出荷する前には、洗浄、選別、包装などの作業を効率的に行うスペースが必要です。こうした作業をスムーズに進めるためには、清潔で機能的な場所を確保することが大切です。特に、鮮度が重視される野菜や果物などを扱う場合、冷蔵設備などを設置することも検討すべきです。夏のような高温の時期には、適切な温度管理が行われないと、作物の品質が急激に低下し、販売できなくなるリスクがあります。出荷調整スペースは効率的な作業を行えるよう、作業フローに応じて設計し、余裕を持った広さを確保することが望ましいです。

また、フォークリフトの購入も検討するとよいでしょう。大量の作物や重い荷物を運ぶ際にフォークリフトは非常に便利であり、作業時間の短縮や従業員の負担軽減に貢献します。

販売のスペースの確保

直販型の農業をする場合は、農作物を販売するための直売所のスペースを確保しましょう。直売所は、農業者と消費者が直接やり取りできる場であり、作物の魅力をダイレクトに伝えることができる貴重な場です。農園の軒先や道路沿いなどに簡単な販売スペースを設けることで、地元の消費者にアプローチしやすくなります。

販売スペースには、テーブルやカウンターなどの基本的な設備があれば十分ですが、見た目にも配慮して清潔感を保ち、作物が美しくディスプレイされていることが大切です。こうした工夫をすることで、消費者が立ち寄りやすくなり、リピーターの確保にもつながります。

直売所には、車で訪れる消費者のために駐車スペースを用意しておくことも重要なポイントです。看板などは目立つ大きさ、目立つ位置で設置するようにしましょう。

施設設備の確保

農業ではビニールハウスや井戸などの施設設備の確保も忘れてはなりません。

ビニールハウスは、施設栽培を行ううえで欠かせない設備であり、天候や季節に左右されず、安定した作物の生産を可能にします。特に天候が管理しやすいため、作物の品質を高めることができる点で非常に有益です。

また、水の確保も大切です。農業用水を確保するために井戸を掘って自前の水源を確保すれば、コストを削減できるだけでなく、持続可能な農業を行ううえで非常に役立ちます。

41 どれくらいの売上を目指すか？

目指す生活スタイルに合わせて

農業でリッチで豊かな成功者を目指すのか、それともシンプルな農業ライフを目指すのかなど、求める農業人生に正解はないので、あなたが目指すライフスタイルに合わせて売上規模を設定しましょう。

大切なことは、経営規模や売上金額の大きさを目標にするのではなく、売上からすべての経費を引き、さらに1年分の借入金を返済した後に残った「生活に使える収入金額」をいくらに設定するのかがポイントです。

売上が3000万円を超えても、初期投資が大きくて経費もかさみ残ったお金がマイナスだったら話になりません。

でも、これって農業にかかわらずよくあることなのです。

まずは最低でも350万円の所得を目指そう！

農業するにしても、この資本主義経済下の日本でそれなりの生活をして行くには、夫婦2人でできれば350万円の所得が欲しいところです。

そのためには、経営スタイルによってかなり異なってくるためザックリとした数字ですが、売上が1000万円を超えた1200万円ぐらいあると、300万円程度の利益を出すことが可能になってきます。ですので、夫婦2人で農業を始めるケースでしたらまずは売上1200万円を目指してほしいです。

生産面積を増やし繁忙期に従業員を数名雇用するようになるともうちょっと伸びて売上1500万円ぐらいになってきます。これぐらいの売上があると次の年に投資できるお金も確保できるようになって、経営が楽になるはずです。

売上3000万円の壁を突破する

もっと規模を大きくやりたい！という方は、次のステップとして売上3000万円超えを目指しましょう。このレベルになると上手に経営すれば所得600万円以上も可能です。売上3000万円を超えるには今までのやり方と考え方を手放し、経営スタイルを変えていかなければなりません。

農作業や収穫・調整・出荷作業をしてくれる従業員も5人以上必要になります。経営者である自分もフル回転で働く必要があります。雇用管理や給与計算、営業や経営全体のマネジメントなどやることが全方位にわたって増えるので、経営者自身にとって一番忙しくなるのがこの経営規模となります。

売上1億円の壁を越えるには

農業で年商1億円の壁を越えたい！とい

う経営意欲旺盛な方は挑戦してみましょう。

経営規模が拡大するので農作物の生産量も多いですし、販売量も桁違いに多くなりますから、組織化が必要となってきます。わかりやすくいうと自分の右腕が必要となってくるのです。

部門別に部門管理が必要となり、そこにリーダー的役割の人材を配置するなど組織化しないと年商1億は突破できません。組織で稼ぐイメージです。

とにかく量を作ってJAや市場に出荷するスタイルでしたら、生産に集中するとよいでしょう。一方、スーパーや業者さんと取引して売上を伸ばしていくのでしたら販売力・営業力が必要になってきます。その手の本をたくさん読んで、後は経験を積んで成長していくしかありません。

経営理念も作るとよいでしょう。人手不足といわれるご時勢ですが、働き手を集めるにしても、販売先にPRするためにも経営理念をしっかり打ち立て、軸のぶれない農業経営をしていく必要があります。

経営規模が大きいと経営者には人を束ね仕事を遂行していくマネジメント力、リーダーシップ力も必要です。本を読んだりセミナーに参加したりして学び、実践と失敗を繰り返しながら自らの人間力を磨いていきましょう。

人としての成長も必要

会社の伸びしろは社長の器で決まります。

経営者自身の「全人格的成長」こそが、年

商１億円突破のカギとなってきます。

栽培技術を高めるのは当然として会計知識や税務の知識、経営力、企画力、起業家精神、求心力など全方位的にバランスよく自己成長していくことを大事にしてください。

年商１億円を超えると、上手に経営できれば夫婦で合わせた所得が１０００万円を突破することも可能です。地方での生活でしたら十分すぎる収入を確保でき、老後を考えた貯蓄・投資もできて安心です。

自らの労働時間も、雇用して人に仕事を任せ組織で稼ぐようになるので、労働時間は売上３０００万円の頃よりも減って楽になってくるでしょう。

でも、気をつけてくださいね。売上を上げることばかり追っていたら、気がつくと「年商１億円だけど負債総額が１億円に！」みたいになると元も子もありません。こうなると常に資金不足で自転車操業状態になります。この沼にハマると生産販売サイクルが年単位と遅い農業なだけに、抜け出すのは困難です。

農業経営においてのお金の流れはしっかり勉強してくださいね。

所得１０００万円をサラリーマンで実現するのはかなり難しいことですよね。そう考えると、農業では努力次第で所得１０００万円を超えることも可能です。

42 兼業で農業をする時の注意点

注意点を2つ挙げます。

兼業もＯＫ

農業１本だけでは経済的に収入が足りないという場合は、農業をやりながら副業やアルバイトをするのもＯＫです。特に積雪があり農閑期が長い地域だと、生活費を補塡するためには有効な方法です。

ただし、農家は会社員と違って常に作物に寄り添っての作業があり、休みがない仕事ですので、「○曜日は農業、△曜日はアルバイト」のように分けて働くことは難しいです。

ここでは、兼業で農業をするに当たっての

過労に注意

農閑期にアルバイトに行く場合でも、副業しながら農業をやる場合にしても、体を休める時間が少なくなり過労になりがちです。

例えば、新規就農された方が経営が苦しいために、日中は農業、夜はアルバイトという生活を始めた方がいました。

やはり体力的に厳しく、さらにはリソースをすべて農業に注げないため栽培がおざなりになり畑は雑草だらけに。結局、農業がダメになり離農することになってしまいました。

「日中は農業をして夜はアルバイトをする」このような兼業スタイルはやめましょう。健康を害しやすいですし、無理は長続きしません。兼業する場合は過労にならないよう注意し、休みもしっかりとることが大切です。

農業が忙しい時期と副業の仕事はかぶらないように

農繁期に副業の仕事がかぶってしまうと最悪です。疲労が激しくどちらの仕事も中途半端となり良い結果につながりません。

農業が忙しい時期は農業に集中する。農閑期は割り切ってアルバイトや副業に集中するスタイルがよいでしょう。精神的にも体力的にも負担が少なく、休みもとりやすいです。

周囲の理解を得ること

兼業農家は家族や地域と関わる時間が減りがち。特に農繁期は自由時間が少なく、家族の協力と理解が不可欠です。事前に家族と話し合い、農業と副業のバランスや家事分担を明確に。地域の行事などへ積極的に参加し、良好な関係を築きましょう。周囲の理解と協力が、兼業農家生活の安定につながります。

無理のない計画で、自身に合った兼業スタイルを確立しましょう。

農業人生も有限であり、時間は限られています。無理しても長続きしませんので、体力面と精神面も含め無理のない計画を立て、自身に合った兼業農家スタイルを確立していってほしいです。

コラム

商品を発送する時に気をつけること

「おいしさ」と「喜び」を届けるために

丹精込めて育てた農作物を最高の状態でお届けするためには、発送時の配慮が不可欠。お客様に「おいしさ」と「喜び」を届けるための発送のポイントを、**梱包、配送、その他の注意点**の3つの観点から解説します。

梱包

輸送中の衝撃や温度変化から作物を守るため、適切な緩衝材と鮮度保持袋の利用が重要です。

傷つきやすい果物や葉物野菜は、気泡緩衝材や新聞紙などで丁寧に包み、箱の中で動かないように固定します。冷蔵・冷凍が必要な商品は、保冷剤や蓄冷材を使用し、温度変化を最小限に抑えましょう。商品の形状や重量に合わせた適切なサイズの箱を選び、清潔な容器を使用することも大切です。

また、お客様に届くまでの鮮度維持も大切な要素。鮮度保持フィルムで包んで発送するなど、採れたて鮮度が少しでも保持できるよう工夫しましょう。

お客様が箱を開けた瞬間の印象も重要です。丁寧に梱包することはもちろん、宛名ラベルはしっかりと貼り付け、お礼状やレシピなどを同梱することで、お客様とのコミュニケーションを深めることができ、リピート促進につながります。

配送

配送地域、商品の特性、配送スピード、料金などを考慮し、最適な配送業者を選びます。生鮮食品など温度管理が必要な商品は、冷蔵・冷凍便を利用し、温度帯と配送時間帯を指定することで、鮮度を保ったままお届けできます。また、宅配便業者が提供している追跡サービスを利用し、発送後に追跡番号をお客様に連絡することはお客様の安心につながりますので、できるだけ取り組むようにしましょう。

その他

宛先、氏名、電話番号などを正確に記入し、番地や部屋番号の記載漏れがないか発送前に必ず確認します。

「天地無用」「取扱注意」などの注意書きを明記することで、配送業者に適切な取り扱いを促します。「クール便シール」や「日時指定シール」も忘れず貼ること。発送チェックの仕組み作りもやっていきましょう。

万が一、商品に破損や不備があった場合の対応についても、事前に決めておくとスムーズに対応できます。迅速かつ誠実な対応がお客様を安心させ、信頼につながります。

第4章

農業を始める場所を決める

43 農地の見つけ方

どこで農地を見つければいいの？

農地を探すには、行政や農地中間管理機構（農地バンク）、ＪＡといった機関のサービスを利用することです。新規就農者向けに「農地紹介サービス」や「移住支援窓口」を提供しています。

特に農地バンクは、農地の賃貸借を仲介する公的機関として、新規就農者などの担い手などへの紹介を通じて、農地の集積・集約化を行っています。直接的に良い農地を紹介されることは少ないかもしれませんが、農地が見つかった際には法的手続きのサポートを受けることができます。

農地の賃貸契約は通常10年から20年という長期にわたるため、公的機関による仲介を通じて契約を結ぶことは、後々のトラブル回避にも大いに役立ちます。

農家に農地を紹介してもらう

農地の情報は口伝えで広がることが多く、信頼できる農家同士で良い農地の情報を共有することが多いです。そのため、就農する地域の農家との信頼関係を築くことが大切です。

地域の農家と知り合うために、農業研修の間に、地域の祭りや田んぼの草刈り、ゴミ拾いなど、地元の行事にも積極的に参加することが、農家とのネットワークを広げるうえでのカギです。

特に、田舎では人柄が非常に重視されるため、地域の活動に積極的に参加し、協力する姿勢を示すことで、地元の人々との信頼関係が深まります。そうすることにより、地元の農業者から農地に関する貴重な情報を得る機会が増えるため、空いている農地を紹介してもらえる可能性が高まっていきます。

農地はいつも綺麗に！

地域の農家は農地が雑草で荒れることを極度に嫌います。農業経営においても雑草の管理は基本中の基本で、良い農家は雑草を1本も生えないように常に意識して管理をしています。雑草を管理できる面積が自分の農業の実力と言っても過言ではありません。特に良い農地は農家同士の信頼関係からでしか紹介がないので雑草を常に管理しておきましょう。

農業を途中で投げ出さない！

農業を途中で投げ出さないという誠実な姿勢も大切です。特に新規就農者は最初の数年間は困難に直面することが多く、農業の継続が難しくなる場合があります。

しかし、粘り強く農業を続け、地域に根を下ろしていく姿勢を示すことで、信頼が高まり、より良い農地の紹介につながります。

44

作りたい品目があって農地を探す場合

作りたい作物の適地適作の農地選び

作物ごとに適地適作があります。作物の栽培には、気候、土壌、標高、日照時間など多くの要因が影響を与えます。

関東地方の例を挙げると、関東ローム層と呼ばれる黒ぼく土や赤土が多く、これらの土壌特性に応じた作物選びが大切です。黒ぼく土は特に水はけが良いため、野菜類や果実類の栽培に向いています。

一方、赤土はサツマイモなどの芋類に適しています。

田んぼは、稲作が基本的な作物ですが、転作として野菜を栽培することも可能です。しかし、どの野菜でも栽培できるわけではなく、一般的には白菜やキャベツ、長ネギなどが田んぼでの栽培に適しています。特に、イチゴやニラなどの作物は、田んぼが適している場合が多いです。水持ちの良い田んぼは、これらの作物の成長に必要な水分を確保できるためです。

関西や四国、中国地方の瀬戸内海沿いの地

域、また福岡県の一部では、強粘土質の土壌が広がっています。

この土壌はコンクリートのように固く、通常の耕作方法では作物を育てるのが難しいとされています。

しかし、このような地域では**「高畝《たかうね》栽培」**と呼ばれる特有の栽培手法が発展してます。

高畝栽培は畝を高く立てることで根がしっかりと張り、作物を育てることが可能な栽培方法です。

この方法では、畝を立てる分、植付株数が減るので、関東地方などで行われている平畝栽培に比べて収量は少なくなる傾向にありますが、その分、糖度が上がりやすいという特徴があります。

収量は関東に比べて少なくなる傾向ですがその分、品質が評価されやすく品質で勝負できる作物を育てることが農業経営を優位にしていきます。

作りたい作物がある場合は、作物に適した地域を選ぶことが大切です。無理な条件で栽培することは避けてください。

作りたい作物の産地で農地を探す

特定の作物に強い地域を選ぶことは大切です。特定の作物に強い産地では、その作物に特化した技術やノウハウが蓄積されており、自治体やJAの支援が手厚い場合が多いです。

例えば、ある特定の作物の栽培が盛んな地域では、生産量が多いため、バイヤーとのつながりが深く、販路の確保が容易であることが多いです。ＪＡの部会に入ることで安定した取引先を確保することもできます。

このような地域での就農は、「販路を考えなくてよいので栽培に集中できる」という大きなメリットがあり、農業初心者にとっても心強い環境が整っています。やりたい作物に強い産地を探し就農することも大切な選択です。

作りたい作物で直販型農業をしたい時の農地探し

果樹や果菜類などを栽培して直接消費者に販売することを目指す場合、事前にその地域の消費者人口やライバル農家の動向、観光地の有無などをリサーチすることが非常に大切です。

観光地に近い場所での直販は、観光客をターゲットにした販売戦略が取れるため、売上が見込める可能性が高まります。

また、消費者が多い都市部に近い場所では、集客のためのコストを抑えつつ高い利益を得ることが期待できます。

成功している農家の事例を参考にし、地域特有の販路開拓のノウハウを学ぶことも、新規就農者にとっては非常に役立つでしょう。作りたい作物の販路まで考えて就農する場所を選ぶことも大切な選択です。

農地選びの場合は水害に注意

農地選定においては、先輩農家の意見を聞くことが大切です。特にその地域で長年農業を営んできた農家の経験は非常に貴重です。

成功体験だけでなく、失敗体験にも耳を傾けることで、同じ過ちを避けることができます。

農業は自然と向き合う職業であり、気候変動や予期せぬ天候不良が大きなリスクとなります。表面上は問題のない土地に見えても、過去の災害歴や地形による水害リスクが潜んでいることがあります。

例えば、台風や大雨による水害が発生しやすい土地は、農業経営において大きなリスクとなります。水害を受けにくい農地を選ぶことは、長期間にわたって安定した農業を営むために非常に大切な選択です。

リスクを乗り越えるためのノウハウや、適切な作物選びのノウハウを学ぶことが、長期的な農業経営において非常に大切です。

土地の名前にも注目！

土地の名前にも注目すべきです。日本の地名には、その土地の特性や歴史が反映されていることが多く、例えば、川、沢、淵、灘、沼、深、渋、津などの「水」に関係する地名が付いている場所は、過去に水害が頻発した可能性があります。同様に、山、峠、岳、嶺、峰などなどの「山」や「高」に関連する地名は、山地や丘陵地帯を示し、地形が急で崖崩れのリスクがある場合もあります。さらに、「田」や「畑」が含まれる地名は、農耕地であった歴史を示し、湿地や低地である場合も多いです。

こうした名前の由来を調べ、リスクが高い土地でないか確認することも重要です。

45

どこに相談すればいいのか

厳密なルールがあるようでない農地問題

農地を手に入れる方法には厳密なルールがあるようで、実はそうでもありません。

新規就農者が農地を購入するのはハードルが高いので、ここでは農地を借りることを前提に話をします。

ちゃんと農業をやってくれそうかどうか

農地を借りられるかどうかは、農業委員会で原則毎月開催される会議で承認されるかどうかです。その承認に必要なのは、「あなたがきちんと農業をやれるかどうか」という点にあります。そのため、JAや行政のトレーニングセンターで研修を受けたり、地域の有力農家で働いたり、研修をしたりして、「この人は大丈夫」というお墨付きがあるとすんなり会議で承認されます。

一方、地域外から移住して、特に農業経験もない状態で農地を借りたいと言っても「きちんと農業をやれる」保証がないので、会議で承認されないのです。判断基準は、過去の実績などしかありません。

農地問題の解決方法

農地問題の解決方法についてはケースバイケースなのですが、事例を紹介します。

①　その地域に住んでいて実家や親戚が農家でその農地を借りられる場合

この場合は、比較的簡単に農地が手に入り、農業をスタートすることができるでしょう。ただし、親や親戚の信用で農業がスタートできたことを忘れないように。

②　ＪＡや行政のトレーニングセンターに行く

地域ごとに新規就農のプランがあります。それに沿って、新規就農する場合は比較的手厚い支援を受けることができます。大抵は、その地域の特産を作りＪＡに出荷することになります。特にこだわりがなければスタンダードな方法です。

③　有力な農家、農業法人の支援を受ける

新規就農を目的として農家や農業法人で働き、そこに支援してもらってお墨付きをもらう方法です。地元でしっかり農業経営をしている人の太鼓判があれば承認されやすいです。

④　ひたすら交渉して粘る

最後は、農業委員会とその担当者などと交渉してひたすら粘って農地を借りる方法です。

しかし、耕作放棄地など条件の良くない農地しか手当てできない可能性もあります。

46 良い農地は良い人間関係性からしか出てこない

地域のコミュニティに参加しよう

田舎の農村では、地元のイベントや集まりなどが頻繁に行われています。これらの場に参加することで、地域の農家と顔を合わせ、直接話をする機会が増えます。

特に、新規就農者にとっては、地域の農家がどのような農業を行っているか、どのような農業経営をしているかを学ぶ、絶好の機会です。これらの集まりに顔を出すことで、自分の存在を知ってもらい、徐々に信頼を築くこともできます。地元の農業に関する最新の情報や技術的な知識を得ることができ、こうした場での情報交換は、インターネットや書籍では得られない、地域特有の知識やノウハウを学ぶ機会となります。

信頼関係を作るコツ

田舎の農村では、地域の草刈りやゴミ拾いといった地域活動が頻繁に行われており、一緒に汗を流すことで、自然と人々との距離が縮まり、親しくなることができます。田舎では、外から来た人に対して初めは警戒心を持つことが多いですが、時間をかけて誠実に接し、地域に貢献する姿勢を見せることで、次第に受け入れてもらえ、「自分たちの仲間」として認められるようになります。

こうした信頼関係が築けると、地元の農家から農地に関する情報やアドバイスが得られるだけでなく、農業全般、田舎での生活全般におけるサポートも受けやすくなります。

良い情報は信頼関係から生まれる

地域の農家は、自分が所有する大切な農地を誰に貸すか、とても慎重に考えます。信頼できない人や、農地を適切に管理できない人に対して、農地を貸し出すことはありません。

田舎ではトラブルを避けることが何よりも重要視されます。

例えば、農薬の使い方や水利の管理、農地の境界線の問題など、農業には地域との協力が不可欠です。

良い農地を見つけるためには、地元の農家や地域社会との信頼関係を築くことが最も大切で、良い農地に関する情報はインターネットや公的機関では得られないことが多く、地域の中で信頼されることが、良い土地を確保するための唯一の方法と言っても過言ではありません。

また、田舎特有の「狭い文化」にも注意が必要です。良くも悪くもコミュニティが狭いため、独自のルールや文化が根付いていることも少なくありません。

地域とトラブルにならないようSNS投稿の内容などにも気をつけましょう。

47 儲かっている農家が多い地域は空きがない

成功している地域の現実

儲かっている農家が多い地域では、ほとんどの農地が使われており、新たに農地を手に入れることが非常に難しいです。特に農業が盛んな平野部などでは、新規就農者にとっては農地を探すのはハードルが高いです。

空きの少ない農地を確保するための方法

とはいえ、どうしてもその地域がよいという場合もあるでしょう。そういった時に農地を確保するにはどうすればよいのか、2つのパターンを解説します。

① 地域で信頼される農家の協力を得る

地元で信頼の厚い農家に相談し、農地探しを手伝ってもらうことは非常に有効です。こうした農家の後ろ盾があれば、農地を見つけやすくなるだけでなく、地域特有の事情や有益な情報も得られる可能性が高まります。信頼関係を築きながら進めることが大切です。

② 休耕地などを再活用する

空き農地が少ない地域では、休耕地や荒れ

た土地を再活用することが有効です。

ただし、休耕地や荒れた土地の再生には手間がかかることが多いので、入念な準備が必要です。

このように農地の有効活用を通じて、他の農家と差別化を図り、空きの少ない地域でも農地を確保しましょう。

条件が悪い農地が手に入ってしまった場合の対処法

農地の空きが少ない地域では、新規就農者には、条件の良くない土地や、小面積の飛び地、災害リスクの高い土地などが回ってくることが多いです。

条件の悪い農地では、その土地に適した作物を選ぶことも成功のカギです。水はけの悪い土地では水分を好む作物、痩せた土地にはサツマイモなど痩せた土地を好む作物を選ぶといった工夫が求められます。

また、露地栽培にこだわらず、ハウス栽培などの施設利用を検討することで、環境を人為的にコントロールする方法も有効です。

土地のリスクを理解し、災害リスクの高い土地では、排水設備を整え、耐水性のある作物を選ぶなど、工夫が必要です。

条件が悪いからといって必ず失敗するわけではないので、きちんとリスク管理をし、最大限できることを進めていきましょう。

48 土地がすぐ見つかる地域は儲からない地域かも

なぜ土地が空いているの?

土地が簡単に見つかる地域は、農業が盛んではない、もしくは農業が儲からない理由があることが考えられます。

例えば、災害のリスクがあったり、土質が悪い地域では、作物の育成が難しく、収益が上がらないため、農業者が土地を手放したりすることもあります。市場までのアクセスが悪く、物流コストが高くつく場所などでも、販売において不利になることが多いため、農業経営が厳しくなります。町の病院やスーパーが遠く、生活が不便なケースも。

こうした要因があると、結果的に農業をやめる人が増え、土地が空くことになります。

問題の原因をリサーチ!

こうした地域で就農する際には、まず土地が空いている理由を徹底的にリサーチしましょう。

なぜ以前の農業者がその土地を手放したのか、その理由を直接本人に聞いたり、近隣の農家や地域の人々から情報を得たりすることも非常に大切です。

土地が問題で農業を続けられなくなったのか、それとも経営の失敗や個人的な理由で手放したのかを知ることで、その土地の真の価値を判断する手がかりとなります。

難しい土地でも工夫次第で成功できる！

土地の条件が悪い地域であっても、工夫次第で成功の可能性はあります。

まず、周辺の地域であまり作られていないけど消費者の需要が高い、作物を育てると、価格を高く設定できることがあります。例えば、高級フルーツや有機野菜などです。これらは狭い土地でも高い利益を生み出すことができます。

また、農業が盛んでない地域では競争が少ないため、直販や観光農園などの新しいビジネスモデルを導入することで、成功する可能性が広がります。

観光地に近い場所では、農作物の直売所や体験型農業を組み合わせることで、農業収入以外の収益を得ることができるでしょう。

土地がすぐに見つかる地域は、農業収益が低い場合もあります。しかし、ビニールハウスを導入すれば、気候に左右されにくく、需要が高い時期に付加価値の高い作物を出荷できます。

直販を活用して利益率を高めることも可能です。施設栽培を通じて、土地の条件や市場の制約を克服し、安定的な収益を目指しましょう。

49

耕作放棄地を紹介されたら

耕作放棄地って何？

耕作放棄地とは、農業に使われなくなり、放置されてしまった土地のことです。

新規就農者にとっては非常に魅力的に見えるかもしれませんが、放置された期間が長いほど、再生にはたくさんの時間や手間がかかります。

雑草や病害虫の問題

耕作放棄地を活用する際に最も大きな課題となるのが、土地の劣化です。

耕作放棄地は長期間放置されているため、雑草が生い茂り、特につる性の雑草が地下深くまで根を張っており、簡単に除去できるものではありません。除草には時間がかかり、機械や除草剤を使い、何年もかけて雑草を取り除く必要があります。

また、放置されている間に土壌に病害虫が潜んでいることもあります。土壌消毒を何度か行い、病害虫の完全な除去を図る必要があります。土壌消毒は一度で効果が得られるわけではなく、場合によっては作付けまでに数年間かかることも念頭に置くべきです。

土地の栄養状態を整える

放置された土地では、土壌が痩せ細っており、作物の栽培に適した状態ではないです。作付け前には堆肥や肥料を投入し、土壌改良に取り組む必要があります。

土壌改良により、微生物を活性化させることで土壌の健康を取り戻すことができますが、土壌を改良するには時間がかかり、長期的な視野で準備が必要です。

耕作放棄地を活用するメリット

耕作放棄地を活用することは簡単なことではありません。しかし、耕作放棄地の再生にはメリットもあります。

耕作放棄地は比較的手に入りやすく、価格も安いです。農地が不足している地域や、新規就農者にとっては、こうした手軽に利用できる土地は魅力的です。

耕作放棄地の再利用に成功した人たちに学ぶ

耕作放棄地の再生に成功した先輩農家の事例を参考にすることも大切です。

地域に住む先輩農家は、過去に耕作放棄地を再生して成功した経験を持つことが多く、彼らの知識やアドバイスは貴重な情報源となります。

彼らがどのようにして土壌改良を進めたのか、耕作放棄地の再生にどのくらいの期間がかかり、何が必要かを聞いてみましょう。

50 第三者承継という方法

農業経営を譲ってもらおう

農業を始める方法は、親元就農や祖父母や親戚から農地を借りる方法、ゼロから農地を探して就農する方法などありますが、近年増えてきているのが第三者承継という方法です。

農業経営を引き継ぐ人がいない農家が、親族でもない第三者に事業を承継するのが第三者承継です。いわゆる農家のM&Aですが、大規模法人を引き継ぐというより、小規模な農業経営を引き継ぐイメージです。

第三者承継のメリット・デメリット

第三者承継のメリットは、すでに農業を営んでいる状況をそのまま引き継げるということです。通常、新規就農を始めると土作りから始まり、収益性を上げて軌道に乗せるまで数年かかることもあります。その時間を短縮できるのが第三者承継のメリットです。

とはいえ、メリットだけではなくデメリットももちろん存在します。

まずは、農業機械や設備が古い場合。この

時は、すぐに投資が必要になってきます。新規就農に比べ第三者承継は、補助金などが少ないために、多額の借入や手元資金の流失が懸念されます。

次に譲渡する農家がいつまでも農業経営に口出しするパターン。譲渡してくれた農家の住まいと農地が近くにあるケースでは、細かいことまで口出しされるとやりにくくなります。

さらに、家業である零細農業の引き継ぎ件数は増えていますが、それでも譲渡金額が不透明な場合が散見されます。事業承継する譲渡金額は、基本的に借入をして返済していくわけですが、譲渡金額が高かった場合、その返済が苦しくなる可能性が高いです。第三者承継は、行政やＪＡが窓口になる場合も多くありますが、その場合、どうしても長い付き合いがある譲渡する農家側の意向が通りやすく、承継する人にとっては高めの設定になることがあります。

第三者承継を成功させるコツ

第三者承継を成功させるコツは、３つあります。

１つ目は承継後に農業経営が継続でき、利益を出していけるのかをきちんと試算すること。

２つ目は、譲渡する農家との人間関係の問題です。これは、相手だけでなくそのご家族なども含めてきちんと人間関係を築くこと。

３つ目は、客観的に答えてくれる第三者に相談すること。譲渡側、承継側のどちらかに偏った意見ではなく、平等に間を取り持ってくれる方がいれば最高です。

コラム

畑と自宅の距離について

畑と自宅は離れていても構わない

畑と自宅、近いほうがいいように感じますが、離れていても大丈夫です。

私（寺坂）はメロン農家をしていますが、自宅は車で15分離れたところに賃貸住宅を借りて住み、毎日通って農業をしています。

では、畑と自宅が離れている場合、隣接している場合のメリット、デメリットをみていきましょう。

自宅と畑が離れている場合

自宅と畑が離れている場合のメリットは、良い農地を選びやすいことと、選択に自由度が増すことです。

さらに物理的な距離が離れていて移動時間があることで、仕事と生活で気持ちの切り替えができることもメリットとして挙げられます。

一方デメリットは、通勤で時間とコストがかかる点、急に大雨がきた時など緊急時にすぐ対応できない点です。

最近では、施設だと温度センサーや監視カメラをスマホで見ながら管理できるツールがあるので、離れていても自宅で確認できます。

自宅と畑が隣接している場合

自宅と畑が隣接していることで得られるメリットもあります。

まず、作業効率がいいです。移動時間がほとんどないですし、交通費も不要です。突発的なことにもすぐに対応することができ、防犯面でも有利です。

デメリットは、農地選びが制限されることです。もし他に良い土地があっても、あきらめなくてはなりません。

さらに、農作業と生活の境界が曖昧になり、常に仕事をしているような感覚になることも挙げられます。このように、仕事と休みの気持ちの切り替えが難しい点も、自宅と畑が隣接している場合のデメリットです。

移動や管理の効率を重視するなら隣接していたほうがよく、生活の質や土地条件を重視するなら離れていたほうがよいといえます。

どちらがよいかは、農業の規模、家族の生活スタイル、畑と自宅の距離などによって決まるので、自分の希望も踏まえながら総合的に判断しましょう。

第5章

何を作ればいいか
品目を決める

51 自分の好みで作る品目を決めない

何を作れば儲かるのか

農業は製造業です。何か農作物を生産しなければ売上は作れませんし、利益もできません。

「何を作ればいいですか」とか「何を作れば儲かりますか」と、聞かれることがありますが、残念ながらこれを作れば必ず儲かるといったものはありません。ただし、農業経営を軌道に乗せやすい品目、軌道に乗せるのが難しい品目はあります。

軌道に乗せやすい品目をどのように探すか

農業をこれから始める人にとって難しいのは、農業経営を軌道に乗せやすい品目には必ずしも正しい答えがないことです。軌道に乗せやすいか乗せにくいかを検討する要素は**「農業する場所」「農地の特性」「作る品目」「販売方法」**によります。

一番簡単な軌道に乗せやすい品目の探し方は、農業をする場所でその地域で一番生産されている品目を作ることです。ＪＡや行政が生産方法の知見を持っており、卸売市場などでの販売が容易である可能性が高いからです。

ＪＡや行政支援の弱点

勘違いしやすい人がいるのでＪＡや行政支援の弱点をお伝えすると、ＪＡや行政が強いのはその地域でスタンダードな農業です。スタンダードな農業とは、多くの農家が作っている品目を作ること。その地域でたくさんの人が生産しているということは、長年の歴史や、そのための技術の集積もあります。

新しいことにチャレンジすることは悪いことではありませんが、その地域で誰もやっていないことをするのなら、ＪＡや行政の支援は当てにしないでください。なぜなら、彼らもわからないからです。

どの程度の規模の農業経営をやりたいのか

品目を決めるうえで大切なことは、**「どの程度の規模の農業経営をやりたいのか」**です。まず、自分1人でやるのか、配偶者と2人で始めるのかによって、規模感も変わります。ここでいう規模は、面積ではなくて売上や所得です。売上は想像しにくくても所得がどのくらい欲しいかは想定できるはずです。

新規就農の支援を受けるうえで、まずは夫婦で500万円の所得が欲しい、将来は1000万円を目指したいなどと伝えると、その可能性がある農業を提案してくれるはずです。

52 作りたい品目がある場合は?

作りたい品目が決まっている場合

作りたい品目、やりたい農業が決まっている方はどうすればよいでしょうか。

まず、作りたい品目ややりたい農業が決まっているけど、どこで農業をやるかは決まっていないという方は、成功しやすい地域を探しましょう。都道府県や市町村の新規就農窓口で相談してみて、感触のいいところで就農するのがよいです。

その際に、同じようなことをやっている農家がいたら、見学や話を聞かせてもらえるようお願いしてみましょう。

農業する地域が決まっている場合

親戚の農地があるとか、住む場所は変えたくないとかの理由で、農業する地域、場所が決まっている場合があります。その地域でやっている人がいる品目であれば、そのまま農業を始めても問題ないです。

しかし、誰もやっていないことをやりたいなら、軌道に乗せるのは、困難な可能性があります。なぜなら、あなたがやりたい農業は、過去に誰かがやって軌道に乗らず撤退した可能性があるからです。

土地柄で合う、合わないはある

全国には農業が盛んな地域がたくさんあります。その地域は、土壌の質が他の地域に比べていいです。

具体的にいうと、品質の良いものがたくさん取れます。例えば、北海道の十勝地方とか長崎県島原半島とか。そのような地域で農業をすると儲かるので多くの農家に後継者がいます。そして、残念ながらその地域では新規就農者が入り込む土地の余裕はありません。

また、味が良いものができる地域もあります。例えば、埼玉県深谷地方で作られる深谷ねぎは有名です。深谷地方で作ると他の地域に比べおいしいねぎができます。

自分の都合で、品目を選んで生産するのはいいですが、土地の合わないものを作ってしまうと、最初からハンデを背負った形になります。逆にその土地に合ったものを作ると他の地域の人よりも少ない努力で良いものができるのです。

有機農業で稼ぐのは難しい

さて、新規就農希望者で無農薬、無化学肥料で作物を育てて販売したい方もいるでしょう。

正直、有機農業で稼ぐのは至難の業です。有機農業で稼ぎたい人は、有機農業で稼いでいる人に必ず相談に行ってください。

53 参入障壁を知ろう

参入障壁って何？

農業を始める時、知っておきたいのが**「参入障壁」**です。

参入障壁とは、新しいことを始める時に立ちはだかる「壁」のようなものです。農業では主に技術面、資金面、規制面の3つが大きな課題となります。この3つの壁を乗り越えないと、思うように農業が続けられないこともあります。

では、それぞれの壁について詳しく見ていきましょう。

技術の壁

農業はただ野菜や果物を育てるだけではありません。作物の特徴、土壌の状態、季節などに関する知識と栽培技術が必要です。

最近は施設園芸や水耕栽培など、高度な栽培方法が広がっており、これらを導入するには環境制御システムの管理技術も大切になってきます。

農業に関する高度な知識や技術が必要ですが、農業学校や、ベテラン農家のもとで農業研修に参加することで、技術的障壁を乗り越えられます。技術は短期間で身につくものではなく、トライ&エラーを繰り返して磨かれていくものですので、コツコツと自分のスキルを高めていってください。

お金の壁

農業は、初期投資がだいたい1000万～2000万円程度かかります。特に施設栽培を行う場合、ハウスの建設費用、潅水システム、機械などに更に多額の資金が必要です。最初収益がすぐに上がるわけではないので、最初の数年間の運転資金や生活資金を確保することが大切です。これらの初期投資や運転資金をどのように調達するかが、農業経営の成功のカギとなります。

自治体や国が提供する融資制度や補助金制度を利用するためには、十分な準備が必要です。都道府県や市町村の窓口に相談に行きサポートを受けながら資金調達の計画を綿密に立てることが大切です。しっかりとした計画を立て実行していくことで資金的障壁を乗り越えましょう。

規制の壁

農業は、国や自治体の決まり事がある産業です。農地の取得や利用に関する特別なルールもあります。有機栽培には、消費者に安全で環境に配慮した農作物を提供するため有機JAS認証の取得が必須になりますし、取得するには一定の時間とコストがかかります。農業を始める前に、これらの規制や手続きについてしっかりと学ぶことが大切です。

54

差別化のメリットとデメリット

差別化とは何か

差別化とは、商品やサービス、企業などが他と異なる特徴や価値を持つようにし、その独自性を強調することです。

農業で必要な差別化には2つの視点があります。

1つは、他の人と違うこと、もう1つは、他の人より優れていることです。差別化と聞くと、単に他の人と違うことを思い浮かべますが、他の人より優れていることも差別化になるのです。

「他人と違う差別化」は注意が必要

農業を始めるうえで、人と違うことをしたい、新しいことをしたいと思う方は一定数います。しかし、「他人と違う差別化」をするためには注意が必要です。そして覚悟も。

まず、新規就農希望の方で、その地域で他の人がやっていないことをする場合、本当に誰もやったことがなかったのかを確認する必要があります。

大抵の場合、あなたより以前に誰かがやって、うまくいかなかった過去があります。誰もやっていないことはそれなりの理由があるのです。

適地適作以上に助けになる知見や経験の集積

その土地の気候や土壌などの自然環境に最も適した農作物を選んで栽培する「適地適作」で農作物を生産することは、その地域で現に生産されている農作物を生産することになります。そして、その地域に集積された知見や経験を得ることができるメリットがあります。

ＪＡ指導員や農業改良普及員にその農作物の栽培技術が蓄積されており、的確なアドバイスを受けることができます。お手本になる先輩農家も多いです。さらに、病害虫の発生や天候不順などのトラブルが発生した時の対処法もその地域での方法が蓄積されており、農業生産の助けになるでしょう。

逆に、誰も作っていない農作物を作ることは、先生や先輩がいないのでこれらの知見や経験を自ら手に入れる必要があります。

差別化は必要か？

さて、差別化は本当に必要なのでしょうか。冒頭で述べた「他の人と違う差別化」は、新規就農者にとって危険と隣り合わせです。かなりの覚悟が必要でしょう。

ですが、「他の人より優れていること」による差別化は、あなたがより良い農業経営をするうえで必要なことです。

55 その地域でみんなが作っている品目と誰も作っていない品目

なぜ誰も作っていないのかを考えよう

　農業を始める時に、作りたい品目は決まっているけど、農業を始めたい地域では、誰もその品目を作っていない場合があります。正直な話、そのような場合は農業を始めることが難しいことがあります。なぜなら、行政や先輩農家は協力することができず、失敗する確率が高いことを知っているからです。そのような場合は、なぜ誰も作っていないのか、過去に作ったことがある人はいないのかを、周りの人に聞いてみましょう。

行政の人の本音

　行政の人は、新規就農者が増えるよりも、新規就農者が失敗して、借金を抱えて撤退したり、農地を荒らされて急にいなくなったりするほうが嫌なのです。そして、残念ながら過去にそのような人がたくさんいます。それを知っているから、失敗する可能性が高い農業をやりたい人に対して、少し冷たく感じるような対応をするのです。

地域でみんなが作っている品目だと

地域でみんなが作っている品目だと、生産に対する知見が集積されています。売り先もJAや市場に出荷すればそれなりに販売してくれます。困った時に、教えてくれる農家もたくさんいますし、紹介することもできます。うまくいっている事例がそこら中にあるのです。

逆に誰も作っていない品目だと、みんなが作っている品目の場合と逆のことが起こります。その地域に合った生産方法などの知見がありません。すべて手探りです。他の地域から作り方を聞いても、それがそのまま当てはまるとも限りません。

そして、行政やJAもどうすればよいかの答えを持っていないので、相談されても答えようがありません。前例がないということは成功したら一人勝ちできるという意味でチャンスではありますが、決して平たんではない道であると心得ておきましょう。

それでもやりたいなら

それでもやりたい時は、一人でやる覚悟が必要です。誰も助けてくれないのではなく、誰も助けることができないのですから。誰に何を言われても一人でもやり抜く、そういった覚悟や熱意があれば、行政も説得できるでしょう。

成功すれば、認めてもらえます。しかし失敗すれば、新規就農希望者が今後その地域で新規就農することが少し難しくなります。

56 販売方法も想定して品目を決めよう

作物を売る方法を計画しよう

農業を始める時、作物を何にするかを決めるだけではなく、その作物をどうやって売るかも同時に考えることが大切です。どんなに良い作物を作っても、売り方がうまくいかなければ、利益を出すのは難しくなります。

どの売り方が自分に合っているのかをシミュレーションしながら選択することが大切です！

売り方に合った作物を選ぼう

作物の選定と販売方法の選択は、密接に関連しています。例えば、高付加価値な作物を選んで直販を行えば、利益率は高まりますが、栽培や収穫以外に、販路開拓における手間が増える可能性があります。

一方で、ＪＡや契約栽培により大量生産を行えば、収益は安定しますが、価格変動や品質基準に左右されるリスクもあります。

このように、どの販路を選ぶかによって作物の栽培方針や経営戦略も変わってくるため、作物選びと販売戦略は並行して計画を立てる必要があるのです。

売り方を考える時のポイント

販売方法を決定する際には、ターゲットとなる消費者層のニーズや市場の動向をリサーチすることが欠かせません。

例えば、都市部の消費者は高品質で「新鮮で高品質な作物」や「希少な農作物」に対して高い価格を支払う傾向がありますが、地方の消費者は、「新鮮で高品質な作物」が周りであふれているので、「安さ」などを重視する価格重視の傾向があるかもしれません。

最近は、エコやオーガニック志向の高まりに応じて、特定の栽培方法をアピールすることで販路を広げられる可能性もあります。

こうした市場の動向をしっかりと把握し、それに合った作物や販売方法を選定することが、成功への近道となります。

売り方の多様化

現代では、販売方法の多様化が進んでいます。

これまでの市場出荷や農協への出荷といった伝統的な手法に加え、直販やオンライン販売、さらには観光農園としての販売などもあります。

新しいビジネスモデルを取り入れれば、作物の販売だけでなく、観光や体験を通じて農業の収益を多角化することができます。

57 多品目栽培は難易度が超高い

多品目栽培って何？

多品目栽培とは、いろいろな種類の作物を同時に育てる農業のやり方です。例えば、トマト、ナス、キャベツ、オクラ、トウモロコシを同時に栽培するといったものです。

一見すると、「いろんな作物を育てて売れ、お金もたくさん稼げそうだし、一つの作物で失敗したとしても他で売上をカバーできてリスクも減らせそう！」と思うかもしれません。

でも、この方法はとても難しく、特に農業を始めたばかりの人にはお勧めできません。

多品目栽培の難しいところ

なぜ多品目栽培は難しいのでしょうか。

まず、作物によって、必要な栽培方法や管理方法のやり方が違います。それぞれの作物には適した気候、土壌条件、水やりのタイミング、肥料の種類があり、これらを同時に適切に管理するのは非常に難しいです。

栽培計画が複雑になり、新規就農者にとっては、一つの作物を成功させるだけでも大きな挑戦ですが、多品目栽培ではこれを何倍も繰り返す必要があり、非常に高い管理能力が求められます。

また、作物ごとに収穫の時期が違うので、忙しい日が続いたり、人手が足りなくなったりすることがあります。

収穫スケジュールの調整や販売計画が複雑になり、収穫時期が異なる作物が多いと、それに対応する労働力を確保するのも難しくなります。人手が足りないと、収穫時期を逃して作物が傷んでしまい、結果的に収益を大きく損なうリスクも高まります。

さらに、作物ごとにかかりやすい病気や害虫が違うので、それぞれに合った対策が必要ですし、農薬飛散（ドリフト）問題も発生しやすいです。

そして、作物ごとに必要な設備や道具が増えるので、最初に準備するお金が多くなります。例えば、農業は、一つの作物だけでも農業機械や設備に多額のお金がかかり大変ですが、これが複数になると、ますます大変になります。

「集中するものは拡張する」という言葉があるように、農業においては多品目を広く手掛けるよりも、一つの作物に集中し、その作物を極めることが大切です。まずは1つ〜3つの作物でしっかりとした基盤を築き、栽培技術を磨くことにより、収穫や販売の計画も立てやすくなります。

58 頼まれた農作物を作ろう

頼まれた作物を作るとは？

農業を始める時、何を育てるかはとても大切な決断です。基本的には自分が作りたいものを作ればよいのですが、地域や市場の状況によっては、消費者や食品会社から「これを育ててほしい」と頼まれることがあります。

このような「頼まれた作物」を作ることは、新しく農業を始めた人にとって、収入を安定させる賢い選択肢となります。自分で売り先を探す必要がなく、すでに需要がある作物を育てるため、経営的リスクを抑えられるのが大きなメリットです。

頼まれる作物の内容は、食品会社やＪＡ、スーパーなどの大規模流通業者、市場の卸売会社などから提案されます。例えば、卸売会社から地域のＪＡを通じて「この作物を一定量作ってほしい」という依頼が来ることもあれば、食品会社から特定の品種の栽培を直接依頼される場合もあります。

提示される条件には、生産量や納期、栽培方法、品質基準、価格などが含まれ、これらを満たすことで安定的な取引が可能になります。

こうした依頼を受ける際には、自分の農業技術や環境が条件を満たせるかを慎重に確認することが重要です。

頼まれた作物を作るメリット

頼まれた作物を作ることの大きなメリットの1つは、安定した販路を確保しやすい点です。契約栽培などの形で、事前に販売先が決まっていれば、栽培した作物が売れ残るリスクを大幅に軽減できます。

農業においては、収穫後に作物が売れなかったり、市場価格が急落して利益を得られなかったりすることが、非常に大きなリスクとなります。しかし、契約栽培の場合、栽培前に価格や取引量が決まっているため、価格変動に影響されにくく、安定した収入が見込めます。

このように、事前に取引条件が明確であれば、将来的な収益の予測が立てやすく、経営計画も立てやすくなります。安定した経営をするためには**「作る前に売る」**という経営姿勢が大切です。

品質基準を守る

頼まれた作物を作る場合には、いくつかの注意点があります。

まずは、相手から求められる品質基準をしっかりと把握することが不可欠です。契約栽培では、取引先の要求する品質に達しなければ、契約が打ち切られるリスクがあります。

例えば、食品会社が求める野菜や果物のサ

イズや見た目、味、鮮度などが厳しく設定されている場合、これらを常に満たすための栽培技術や設備を整えなければなりません。

信頼関係を築くためには、品質を安定させる努力が求められます。そのため、技術力を高め、品質管理を徹底することが非常に重要です。

とはいえ、農業において品質を安定させることは簡単ではありません。天候や土壌条件、病害虫の発生といった自然環境の影響が大きく、予測が難しいからです。

例えば、気温や降水量が平年と異なると、作物の生育が予定通りに進まない場合があります。また、特定の病害虫が発生すれば、品質を損なうだけでなく収量そのものが減少するリスクもあります。

そのため、常に改善を重ねながら柔軟に対応していく姿勢が求められるのです。

再生産可能な価格を確保する

再生産可能な価格をきちんと設定することも大切です。頼まれたからといって、無条件にその作物を育ててはいけません。適正な価格設定がなければ、利益が出ないばかりか、最終的には赤字に陥ってしまう可能性があります。

再生産可能な価格を確保するためには、まず自分の経費を正確に把握することが大切です。

種苗費、肥料や農薬、労働力、エネルギーコストなど、すべての経費を積み上げ、それを基に利益を出せる価格を設定します。この過程を省略してしまうと、場合によっては、業者から提示された価格が自分のコストを下回ってしまい、収益が得られないという状況に陥りがちです。

新規就農者の場合、最初は個人経営であることが多く、注意点としては、自分の人件費も経費という意識を強く持ち、自分の時給や給与を決定しておくとよいでしょう。

経営においてコスト意識を強く持ち適正価格を正確に把握しましょう。

契約の交渉

契約先との交渉も大切です。

時には、提示された価格が再生産可能な価格を大幅に下回る場合があります。その場合には、適切な交渉を行い、条件の改善を求めることが必要です。

契約相手が必ずしも農家の経営状況を理解しているとは限らないため、自分自身の生産コストを説明し、利益を確保できるような価格設定を求めることが大切です。この交渉が適切に行われないと、経営が圧迫され、将来的に農業を続けることが困難になる可能性もあります。

交渉の際は、「なぜこの価格だと困るのか」を説明するための資料を用意するようにしましょう。わざわざ凝ったものを作る必要はありませんが、Excelなどで表やグラフを作成し、生産コストの根拠を示すことで、交渉は格段にうまくいきやすくなります。

59

情報収集の方法

誰もが乗り越えてきた道

どんな品目を作るか、または、農業生産に関する知識や情報はどのように仕入れたらいいのか。これから農業を始める人にとっては難しい問題かもしれません。

でも、農業で生計を立てている誰しもがそのハードルを越えてきたので、やってできないことはありません。

こうした問題をどうやって乗り越えるのか、その方法をここでお伝えします。

情報迷子にならないために

何も決まっていないということは、なんでも選べるということです。でも、なんでも選べるから困ってしまうこともあります。

そんな情報迷子にならないために大切なことを3つお伝えします。

1つ目は、**「一番大切なことを1つ決める」**こと。例えば、「農業で生活すること」が一番大切なことであれば、「農業で生活するため」の最短距離を選ぶことができます。

2つ目は、**「やらないことを決める」**こと。

一番大切なことを念頭にやらないことを決めましょう。その時に忘れてはいけないことは、「やらないこと」と「一番大切なこと」が関係性として矛盾しないことです。

3つ目は、**「決まっていることをきちんと整理する」**こと。情報収集の中で、決まっていること、決めていることがあるはずです。そこは整理しながら情報収集しましょう。

何を決めないといけないのか。そのためにどんな情報が欲しいのかを明確にしながら進めていかないと、情報迷子になってしまいます。

プロ農家から学ぶこと

農家から情報を得る場合、注意してほしいポイントはプロ農家から情報を収集すること。きちんと生計が成り立っている人から話を聞くことです。家庭菜園程度の人とプロ農家の違いは規模の違いです。農業で生計を立てるには、ある程度の規模で農業をする必要があります。

農業で失敗しない人の特徴

最後に農業で失敗しない人の特徴は、素直な人です。自分の考えと違うアドバイスを受けても一度は、そのことについて考えてみましょう。

そして、農業を始めるための時間を確保できることも大事です。農業をしたいのなら、1日の中で時間をとって、農業と接する時間を持ちましょう。人の話にも耳を傾けず、農業について勉強する時間も持たない人に、農業はできません。

コラム

借りる先・仕入れ先のポイント

お金を借りる先

農業を始めるうえで、お金を借りたり、農業に必要な資材を購入したりする必要があります。農業初心者の中には、どこで借りればいいの？　どこで買えばいいの？　と不安になり、迷子になる方もいるかもしれません。

まず、お金を借りる場合、実は借りる先はそんなに多くありません。あなたが農業を始める市町村名と金融機関で検索すると一覧が出てきます。例えば「○○○市　金融機関」という感じ。

それでも基本的にはＪＡと日本政策金融公庫に最初に打診して融資を受けるのがよいでしょう。日本政策金融公庫も全国にありますので、一番近い支店を検索してみてください。

ＪＡや日本政策金融公庫以外だと、都市銀行、地方銀行、信用金庫などがありますので、窓口に行って、融資の依頼をしてみてください。

融資を引き出すためには？

融資を受けるポイントは、何度も通うこと

です。一度や二度、断られたくらいで諦めてはいけません。

事業計画書や返済計画など、何度も指摘が入って作り直しを依頼されることもあるでしょう。でもそれは必要な手続きだと思って、根負けせずに言われた通りに作り直して、提出しましょう。

窓口の担当者はあなたに融資をしたくないと思っているわけではありません。むしろ、基本的にはぜひお金を借りてもらいたいと思っています。ただ、担当者はあくまで窓口なので、内部会議であなたに融資してもいい許可をもらう必要があります。会議に通らない書類は提出できません。そのため、不備があったりわかりにくい箇所があったりすると指摘をしてくるのです。融資を通すための書類づくりなので、決して嫌がらせしているわけではありません。

仕入れ先

次に、農業に必要な資材はどこから購入するかです。

新規就農するにあたって、JAのトレーニングセンターなどを活用しているなら、まずはJA一択で問題ないでしょう。農業生産に余裕が出てきてからJA以外で購入を検討してもいいですが、余裕がないうちはJAにお任せするのがいいです。

JAとはあまり付き合いがないということなら、地域の先輩農家にどこから仕入れている（購入している）のかを聞いて、同じところから同じものを仕入れるのがいいですね。

最初はあまりこだわらずに、先輩たちがやっているのを真似るのが最適解です。

生産資材の仕入れ方

生産資材は、価格に幅があります。ただし、「安かろう悪かろう」の可能性もあります。安いからといって、品質の悪いもの、例えば質の悪い肥料などを使ってしまうと1作をまるまるダメにしてしまいかねません。結果として資材にお金をかけたほうが良かったと後悔することにもなりますので、値段だけで判断せず、必ず品質をチェックしたり使っている人の意見を聞いたりするようにしましょう。

農業にかかる資材をどこから購入するかは、情報交換できる農家仲間、農家の先輩と交流ができるかどうかになります。地域での関係性を大事にしていれば困ることもないでしょう。

近年では、SNSで情報交換をする農家も増えています。情報交換できる有意義なネットワーク、コミュニティに属しているなら、インターネット上での情報交換も頼りにしてよいでしょう。

最後に、仕入れ先や資材を紹介されたからといって、それを使用して結果を出すのは自己責任です。紹介された資材を使ったけどうまくいかなかったのは、あなたの使い方が悪かったのかもしれません。あくまで、自己責任で使用することを忘れないでください。

第 6 章

どこに売るかを決める

60 どんな売り先があるのか？

選択肢はそんなに多くない

生産した農作物をどうやって販売していくか。主な販売方法を改めてまとめてみます。

①　ＪＡに出荷する
②　卸売市場に出荷する
③　直売所に出す
④　スーパーと直接取引する
⑤　食品工場などに直接、出す
⑥　集荷業者などに出荷する
⑦　飲食店向け（学校給食含む）に直接販売する
⑧　庭先直販をする
⑨　インターネット直販をする
⑩　観光農園

農作物の販売においては、このうちのどれか、もしくは組み合わせを考えて販売し、売上を作ることになります。

販売先の決め方

販売先を決めるための要素は大きく分けると次の5つです。

①　作っている農作物は何か？
②　生産している場所
③　近くに売り先があるか
④　販売にかかる手間
⑤　自分の性格、やりたいこと

この要素に、どんな農業経営をやりたいのか、どのくらいの売上で、どの程度、利益を出したいのか。確保できそうな（確保している）農地の面積でどの程度、生産ができるかなどを組み合わせて考えていきます。

注意点は、仕入れ販売をしない限り、自分が作った分だけしか売れないこと。つまり、生産量が少なければ、売上も少ないということ。

農業は製造業ですから、まずはどの程度、作れるかを前提に考える必要があります。さらに、生産を失敗すると売るものがないので売上はゼロです。しっかりとした生産があって、はじめて販売戦略も成り立つのです。

リサーチと顧客体験が大切

農業を始めるうえで大切なのが、リサーチと想像を膨らませること。例えば、飲食店に行った時、サラダで出てきた野菜はどんなふうに仕入れているのかを考えることです。

スーパーには、どこの産地のどんな野菜や果物が並んでいるのか。お惣菜に入っている野菜は国産か、外国産か。

庭先直販やインターネット直販、観光農園はリサーチして、実際に購入してみます。

日々食するものだからこそ、顧客体験を通じて、リサーチすることを意識しましょう。

61 農作物の販売面から見た特徴

農作物の分類

農作物は**「消費財」**と**「嗜好品」**に分けられます。さらに、消費財は**「大衆消費財」**と**「嗜好品的消費財」**に、嗜好品は**「大衆嗜好品」**と**「高級嗜好品」**に区分します。

ここをしっかりおさえないと、消費財を作っているのに嗜好品の売り方をしてしまう、もしくは嗜好品を作っているのに消費財の売り方をしてしまうことがあります。それぞれどんなものなのか、見ていきましょう。

消費財とは

消費財とは、日常的に消費される野菜などのことを言います。さらに、「大衆消費財」と「嗜好品的消費財」に区分します。

「大衆消費財」とは、日常的に消費されるスーパーで売られている野菜や業務加工用として食品工場などで加工される野菜などのことです。

「嗜好品的消費財」とは、例えば、1パック198円のミニトマトの隣に、1パック298円のミニトマトが売られていたりします。高いほうのミニトマトは、生産者が特定されているとか、甘みが強く美味しいといった特徴があります。

このように、ただミニトマトが食べたいだけなら、198円のミニトマトでいいのですが、子どもが喜んで食べるとかの理由で、298円のミニトマトがよく売れることがあります。このような消費財を「嗜好品的消費財」と呼んでいます。

消費財ではあるが、大衆消費財よりも高い価格で選ばれて購入されるものが「嗜好品的消費財」です。

嗜好品とは

嗜好品とは、生活に彩りを与えてくれたり、ちょっとしたご褒美や贈答用に購入されたりするものです。

嗜好品のうち、「大衆嗜好品」とは、スーパーで販売されたり、業務加工用として取引されたりする果物類です。一般的に、卸売市場を経由して販売されます。「高級嗜好品」とは、百貨店や農家個人での直売によって高値で取引される果物類を指します。

例えば、最近需要が増えているブドウ品種のシャインマスカットですが、スーパーでは1房500円程度のものも見かけるようになりました。一方で、1房が5000円以上のものもあります。

このように同じ果物でも価格に大きな差が出ますが、これは「大衆嗜好品」としての販売か、「高級嗜好品」としての販売かの違いにもよるのです。

62 販売方法はトレードオフ

販売方法に良い悪いはない

これから農業を始める方は、自分で値段を決めることができないＪＡや卸売市場出荷は悪い販売方法で、自分で値段を決めることが良い販売方法だと思われている方もいらっしゃるでしょう。また、消費財より高く売れる嗜好品を作るほうが経営が安定すると思っている方もいるかもしれません。

でも実際はそのどちらも認識が間違っています。

需要が多いのはどれ?

消費財と嗜好品ですが、需要が多いのは圧倒的に消費財です。嗜好品的消費財は、大衆消費財より高く売ることができますが、高く売れるだけの理由が必要です。大衆消費財との違いが大切になります。

嗜好品も、高級嗜好品として売るためには高く売るだけの理由が必要ですし、高級嗜好品市場は需要が一番少なく、その中での競争に打ち勝たなくてはなりません。

自分で値段を決めるか、それとも作ったものを全部売るか

ＪＡ出荷や卸売市場出荷は、自分で価格を決めることができません。価格は相場で決まります。しかし、出荷したものは、出荷規格に合えば全量販売することができます。

一方で、庭先直販やインターネット直販などは自分で値段を決めることができます。しかし、好きに値段を決めても注文が来なければ1つも売ることができません。

道の駅やＪＡなどが運営する直売所も出荷する農家が価格を決めます。同じ品目の農家と違い過ぎる価格をつけると売れない可能性もあります。売れなければ持ち帰る必要があります。

スーパーとの直取引では、「価格交渉権」があります。ＪＡ出荷や卸売市場出荷は、価格交渉権すらありませんが、代わりに全量お金になります。価格交渉権はあっても、相手の意向を無視した値決めを要望すると発注が来なかったり、取引停止になったりする可能性があります。

販売方法はトレードオフの関係

トレードオフとは、片方を立てれば、反対のもう片方が成り立たないということです。庭先直売やインターネット直販で、自分で値段を決めて全量売り切る農家もいますが、それを実現するために、他の農家以上に努力をしています。各販売方法の長所と短所を考慮して、販売方法を決めていきましょう。

63

ＪＡ出荷と卸売市場出荷

青果物では一番多い販売方法

それでは、ここから個別販売方法について解説します。まずは、ＪＡ出荷と卸売市場出荷です。実は、この2つが国産青果物では一番多い販売方法になります。

ＪＡに出荷することは、ＪＡを経由して、全国の卸売市場に販売することになります。

そして、国産青果物の約80％が卸売市場を経由して取引されています。つまり、今でも一番選ばれている販売方法なのです。

委託販売とは？

卸売市場もＪＡも原則、委託販売という方式になります。委託販売とは、農家が自分で市場やお客様に販売するのではなく、卸売市場やＪＡに販売を委託する方法になります。

基本的に、ＪＡも農家から預かった青果物を卸売市場に委託販売しますので、最終的に、卸売市場が販売をして、その販売代金から卸売市場の手数料を差し引き、ＪＡもしくは農家に入金することになります。ＪＡ経由の場合は、ＪＡの手数料と配送運賃や出荷場経費などを差し引いて農家に入金します。

ＪＡや卸売市場の委託販売の仕組みは、それぞれ農協法や卸売市場法で規定されており、該当する法律の範囲で事業を行っています。

委託販売の手数料を知ろう

まず、卸売市場です。卸売市場は、野菜と果物に分かれています。野菜の手数料は８・５％、果物は７・０％が一般的です。以前は法律で手数料率が決められていましたが、今は手数料自由化になり、自分たちで決定することができます。でも、ほとんどの卸売市場が今までの手数料率を採用しています。

次にＪＡの手数料。これはＪＡごとに微妙に違いますが、ほとんどのＪＡが販売にかかる手数料は５％以下、場合によっては２％前後のところもあります。ＪＡに出荷する場合は手数料を必ず確認しましょう。

卸売市場に直接出荷する

農家は卸売市場に直接出荷することができます。ＪＡを通じて出荷するのは、個人では出荷が難しい遠方の卸売市場です。たくさん売れる東京などの消費地の卸売市場に個人で出荷するのは困難なので、地域の農家が集まって、ＪＡ経由でみんなで消費地の卸売市場に出荷するのがＪＡの役割です。

農家が個人で近くの卸売市場に出荷することはそんなに難しいことではありません。事前に自分が出荷したい卸売市場に足を運び、出荷したい旨を伝えましょう。あとは、手続きや出荷のルールなどを確認すればＯＫです。

64 ＪＡ出荷について

ＪＡについて勘違いしやすいこと

新規就農者のほとんどはＪＡに関する知識が少ないはずです。そこで、勘違いしやすい点について話を整理しておきましょう。

①　ＪＡは値段をつけて買い取らない

ＪＡに出荷するのは、地域のみんなでまとめて、東京や大阪などの大消費地の卸売市場に持っていったほうが配送運賃などの面で効率がいいよねという話です。ＪＡが値段をつけて買い取るわけではありません。

②　手数料が高い

ＪＡの話になると手数料が高い問題があります。前の項でも解説しましたが、ＪＡ手数料は5％以下だと捉えてもらってもいいです（必ずＪＡに確認すること）。ただし、手数料＋その他経費があります。その他の経費の主なものは、配送運賃、出荷場の使用経費、部会費などです。これらは、手数料と分けて考えなければなりません。

例えば、配送運賃などはどうしてもかかる経費だし、出荷場を整備して貯蔵庫などを整備しているＪＡだとそれらの経費も必要です。

必要経費については、必ず説明をしてもらい、販売代金からどのように差し引かれているかを確認するようにしましょう。

また、出荷にかかる段ボール代や肥料、農薬などの経費も販売代金から引かれる場合もあります（ＪＡごとにやり方の違いはありますす）。人によってはそれも手数料に入れて考える人もいますが、これも間違いです。大切なことは、ＪＡ手数料（ＪＡの粗利）とその他の必要経費を分けて理解することです。

③　ＪＡは農家みんなのためにあり、あなた一人のためにあるのではない

ＪＡは農家である組合員が組織して作ったもので、農家のための組織であるのは正しいです。でも、あなた一人の組織ではありません。組合員全員の組織です。その意思決定は、多数決で行われますので、あなたが右に行きたくても、その他の農家の多くが左に行きたいと言えば、左に行くしかないのです。

部会に入る

ＪＡを通して出荷するためには、「部会」に入ることが前提です。

部会とは、そのＪＡで同じ品目を生産する農家の集まりです。例えば、トマト部会、キュウリ部会などになります。部会はより農家主導の集まりです。部会で販売方針を決めたり、出荷規格の話し合いをしたり、農業生産の技術向上の取り組みをしたりします。

65 スーパーと直接取引できるのか？

求められるのは生産技術

近年、スーパーと直接取引する農家も増えていますし、それを希望するスーパーも増えています。しかし、誰でも直接取引が可能かというとそうではありません。

まず大事なことは、直接取引できる生産技術があるかどうかです。

スーパーは基本的に、卸売市場から仲卸を通じて野菜や果物を仕入れています。シンプルに言うと、卸売市場から仕入れるより、あなたから直接購入したほうが、スーパー側に

メリットがあるかどうかが大事です。そのために必要なことは、生産技術があるかどうか。例えば、卸売市場から仕入れる野菜や果物より、あなたが生産する野菜や果物のほうが品質（形や色、味）が良いとか、きちんと安定出荷できるとかです。

スーパーは毎日営業しており、毎日の納品が必要になります。条件次第では、2日に1回の納品という場合もあるでしょうが、それでも天候や自身の体調にかかわらず安定して納品する必要があります。

そもそもスーパーに営業することの本質

あなたが、作っている（作る予定の）農作物で、スーパーに並んでいないものはほぼないでしょう。だから、あなたがスーパーに営業することは「今、置いてある〇〇の仕入れをやめて、私が作った〇〇を仕入れてください」と言いに行くことなのです。

スーパーが、仕入れ先を変えることはリスクを伴います。仕入れ先を変えて、その結果、前より売れなくなる可能性があるからです。

そして、スーパーと取引を開始しても、あなたがやったことを、他の農家がやる可能性があります。つまり、せっかく確保した売り場を取られてしまう可能性です。ここまで考えておく必要があるのがスーパーとの直接取引になります。

それでもスーパーと直接取引を考えるなら、まずは営業対象となるスーパーをピックアップしましょう。自分で配達できるエリア、営業できるエリアはそんなに広くないはずです。

営業先をピックアップしたら、本命は最後にして、まずは3番手くらいのスーパーに営業に行きます。そこで、バイヤーはどんなことを考えているのか、どうやったら営業でうまく行くのか、勘所を掴みましょう。心配しなくても必ず断られます。最初からうまくいくことはありませんので。そして、営業に慣れたら本命に挑戦してください。

66

道の駅など直売所で売る

新規就農者に人気の直売所での販売

販売先の一つとして、新規就農者がイメージしやすく人気なのが、道の駅やＪＡが運営する直売所です。

直売所で販売したい時には、まず販売したい直売所に登録する必要があります。登録のルールが必ずあるはずなので、話を聞きに行ってどうすればいいかを確認しましょう。

登録が認められたら、出荷のルールや販売手数料、販売代金の入金のタイミングなど、必要事項を確認してください。

注意しないといけないのは、周りの農家との人間関係です。これが難しく、ライバルでもあるし、仲間でもあるし、絶妙なバランスでお付き合いする必要があります。

直売所だけで生計が立つか

個人的には、直売所だけで生計を立てていくのは非常に難しいと考えています。

理由は、1つの直売所での売上はそんなに多くないからです。あなたが目標とする売上を達成するために、いくつの直売所に出荷しないといけないかを計算してみてください。

さらに、直売所への出荷は手間がかかります。収穫した後に出荷調整する手間、直売所までの配達、陳列、そこから帰りの時間。実際に、複数の直売所に出荷している農家から、納品に半日かかるという話を聞いたこともあります。

農業生産以外にも必要になってくる手間暇、時間のことをよく考えてみましょう。

意外と難しい値段の付け方

直売所ネタでよく話題に上がるのが、周りの農家が安い値段をつけて困るという話です。直売所に出荷する人は同じ地域で農業をしていますので、その地域の特産を生産すると、同じ時期に同じ品目が直売所に溢れることになります。こうなると、もう値下げ合戦です。売れ残るよりは、少しでも売れたほうがいいので、どんどん値段が下がっていきます。

また、農業で生計を立てる必要がなく、趣味の延長でやっている人が多いと、比較的安い値段をつける傾向があります。

周りの農家よりも良い品質のものを作って、「高くても美味しいから買いたい」とお客様に思ってもらえるようになりたいものです。

67 自社直販の仕組み

まずは集客から

いざ自社直販に取り組もうとする際、最初に販売をしてはいけません。

まずは「見込み客」となる自分の生産する農作物を買ってくれそうなお客様を集める、この集客に注力していきます。

軒先の直売所でしたら、チラシを配ったりグーグルマップに登録したりします。

ECサイトでの販売であれば、まずはSNSでのフォロワー数が増えるよう投稿を工夫したり、ブログを書いてアクセスを集めたりと集客を一番先に取り組んでいきます。ウェブ広告を出すのも一つの方法です。

知ってもらう・伝える

集客ができたら、次に自分の農園のことを知ってもらう・伝えることに取り組んでいきます。一度SNSやLINEでつながってもらった見込み客に対して、「種をまきました」「果実が大きくなってきました！」など日々の情報発信をしていきます。コメントに返事を書くなどSNS上での交流も大事です。

販売

ここでようやく販売していきます。

「ついにミニトマトの収穫が始まりました！ご予約受付中です」「収穫が始まり、直売所がオープンしました！」と、しっかり売り込みしてください。ですが、売り込みばかりしていると嫌われるので、月に2～3回ぐらいの頻度がちょうどいいように感じています。

リピート

販売して終了ではありません。商売はリピート購入から利益が生まれてきます。一度販売して満足してはいけません。

例えば、夏に梨を販売したら「8月は桃です」「9月は柿」と商品ラインナップを工夫し、お客様を何度も何度も喜ばせる！という意気込みでリピート購入してもらいましょう。

紹介

お客様満足度が高いと、「あの農園はおいしいよ」と自然と口コミが発生します。お客様がSNSに投稿してくれて口コミになることも多いです。

どうすれば紹介が増えるのか？　口コミ投稿、レビュー投稿してくれるのか？　研究と実践を繰り返していきましょう。

紹介があると最初の集客となりお客様が増えていきます。このサイクルをぐるぐる回すイメージで直販計画を立ててみてください。

お客様を自分の育てた農作物で何度も感動させていくのが、直販成功の秘訣です。

68

自社ECサイトと産直ECサイトの違い

自社ECサイトのメリット・デメリット

自社ECサイトのメリットとして、何より利益率が高いです。中間手数料がかからないぶん利益が出やすいのが特徴です。

さらに、顧客リストが自社にある。これが一番大きなメリットであり、大きな資産となります。顧客リストにメルマガを送る、次回使えるクーポンを配るなど、リピーターになってもらう仕掛けもたくさん作ることができます。

一方、デメリットは集客が大変なこと。サイト流入を呼び込むには広告の運用など多くの取り組みが必要です。ある程度の数のお客様が増えるまで時間がかかる傾向があります。

また、運営の手間もかかります。サイトの更新、決済システムやトラブル対応も、すべて自分でこなさなければなりません。

産直ECサイトのメリット・デメリット

自社ECではなく、産直ECサイトを使うメリットは、主に3つあります。

1つ目は、サイト自体に集客力があるた

め、多くの人に自分の農作物をＰＲできること。知名度がゼロでも農作物がお客様の目に留まるので、初心者でも始めやすいです。

２つ目は、すでに完成されたプラットフォームを利用できるので、信頼力もありお客様も安心して購入しやすいこと。

そして３つ目は、サイト運営や決済システムを産直ＥＣサイト側で管理してくれるので、農家は商品の梱包・発送に集中することができることです。

もちろんデメリットもあります。まず、販売手数料（10～30％）が発生します。使いやすく便利なだけにこの手数料は適正だと思われるのですが、売上が大きくなってくるとこの手数料も大きくなり、利益を圧迫してきます。

産直ＥＣサイト内での価格競争に巻き込まれることもデメリットの一つです。同じ農作物がたくさん販売されているので比較され、そこから単価設定を考えなければなりません。

自社ＥＣの最大のメリットは顧客リストが得られることと書きましたが、逆に産直ＥＣでは顧客リストが得られません。あくまでも産直ＥＣサイトのお客様である、ということを覚えておいてください。リピート販売など購入してくれたお客様への直接アプローチが難しいといえます。

もちろん両方を併用することも考えられますが、戦略や取り組むことが違うのと労力も管理も分散するため、利益を出すのは難しくなります。最初はどちらか一方に全力で集中するほうがよいでしょう。

69 入金されるまでが販売活動

注文が入るのはまだ序盤

農業を始めて、お客様から注文が入ると、「売れた！」となってすごく嬉しい気持ちになると思います。

しかし、まだ序盤です。「注文が入った＝売れた」ではありません。

注文が入ったら、心を込めて、リピートが来るように納品をしましょう。そして、大事なのはその後です。請求書を出して入金を確認します。指定の銀行口座などに入金があって、販売活動が完了したことになります。

代金決済の仕組み

「決済サイト」という言葉を聞いたことがありますか？　決済サイトとは、納品してから入金されるまでの長さです。決済サイトは商習慣によって様々です。これから、農業を始める＝事業を始める人は、決済サイトについてよく理解しておく必要があります。

ＪＡや卸売市場には、代金決済の仕組みがあります。どちらも農家を保護する観点から、代金の未収（入金されないこと）が起こらない仕組みになっています。さらに決済サイトも短く設定されていますので、出荷から3日後とか1週間とかで入金されることもあります。詳しくは出荷先に確認してください。

JAや卸売市場に出荷する農家は、代金回収について心配することはありませんが、仕組みはきちんと理解するようにしてください。

次に、スーパーや地域の集荷業者、食品加工業者などとの取引です。こちらは、相手との交渉が基本ベースになります。ここで決済サイトの理解が必要です。

例えば、8月に納品した野菜の代金が9月末に入金されることを、「月末締め・翌月末支払い」と表現します。8月1日から8月31日に納品した分を計算して、請求書を発行、入金日が9月30日になります。この期間を決済サイトというのです。

取引先によっては毎月15日締め・月末払いの場合もあるので、必ず確認が必要です。また請求書の発行が必要になりますので、請求書の準備もしておきましょう。請求書に記載する必要事項にもルールがある場合があるため、取引先との確認が大事です。

消費者と直接取引したり、個人が営む飲食店に納品したりする場合は、まず前もって代金をもらう（前払い方式）か、現金と引き換えに取引をする方法があります。

後払いだと入金のチェックなどが必要です。故意でなくても入金を忘れている場合もありますので、入金がない場合は催促が必要です。代金回収までが販売ということを忘れないでください。

70 リサーチ不足がほとんど

徹底的にリサーチしろ

さて、これから農業を始める人は、なかなか農家の販売についてイメージが湧かないかもしれません。しかし、イメージが湧かないのは単にリサーチ不足の場合があります。

例えば、レストランに行って、サラダを頼んだとします。そのサラダには、レタスやキャベツ、トマトが盛り付けされています。さて、そのレタスやキャベツ、トマトなどはどのように納品されているのでしょうか。これを考えるのがリサーチです。

スーパーに行くと地元以外の野菜や果物があります。これはどのようにして仕入れているのか、どこの産地のものが多いのか、そして、いくらで売られているのかなどを調べるようにしましょう。

今はインターネットもあります。疑問に思ったことをそのままネット検索すると答えが出てくることもあります。

特に、消費者へ直販をしたい方は、最もリサーチが簡単です。例えば自分が生産したいのがブドウなら、ブドウ農家を検索して、インターネットなどで注文してみればいいのです。

値段の付け方もリサーチの量

相場で販売するJAや卸売市場以外は、自分で値段を決めたり交渉したりする必要があります。その時もリサーチが物を言います。

実際に値段をつける場面になると、少しでも高く売りたいけど、売れなかったらどうしようとか、取引を断られたらどうしようとか、色々と考えると思います。交渉にテクニックも大事ですが、それ以上に自分の生産した農作物の価値と提示する価格が妥当かどうか、周りのライバル、競合になるものと比べて妥当かどうかが大事です。妥当な価格を提示するにはリサーチが必要なのです。

高く売りたいなら、高いだけの価値が必要です。自分だったら何にお金を払うか、農業以外での購買体験も含め、リサーチを行いましょう。

値決めは経営

「値決めは経営」という京セラ創業者の稲盛和夫さんの言葉があります。値決め一つで事業の利益が大きく変わってくるという意味です。いくらリサーチしても値決めは悩むものです。

徹底的にリサーチして、とことん悩んで決めるのが値決めなのです。そこに経営者としての本気度が出ます。

71 リピートが大事

売れ続けることが大事

最初に売れた時、入金があった時は、これまでにない喜びを得ることができると思います。そして、もっと大事なのが**売れ続けること**です。

最初に売れることと繰り返し売れることは大きく違います。最初に売れる理由は、「良さそうだから」です。あなたの生産した農作物を食べる前になります。

そして、繰り返し売れるのは「良かったから」。食べる体験をした後は、「また買いたい」という価値を提供できたことで繰り返し買っていただくことになります。この違いは大きいのですが、意外とみんな気づいていません。

最初に売ることも大事ですが、どれだけリピートにつながっているかをきちんと確認していくことが大切です。

リピートが少なかったら

もし、リピートが少なかったら、購入したお客様が満足していないという証拠です。購入する前のお客様のイメージと、購入後の体験で、「思ったほどではなかったな」と感じた人が多いことになります。

購入前のお客様のイメージを「期待値」といいます。例えば「この◯◯は、すごく甘くて美味しいです」と宣伝していた場合、お客様の期待値は上がります。実際に期待値を超えるとリピートにつながるし、期待値を想像以上に大きく超えると口コミになります。

期待値を上げる宣伝を繰り返すと新規のお客様は容易に獲得できるかもしれませんが、その後のリピートや口コミにつながらないという結果になります。

逆に期待値が少ない宣伝をすると、新規で購入してくれるお客様の数が少なくなります。このあたりはさじ加減が難しくなるところです。

常に期待値を超えることをイメージする

常にクリアしないといけないのは、お客様の期待値を常に超えることです。

期待値は、宣伝文句だけでなく、価格でコントロールすることも可能です。価格が高ければ、それだけいいものだと思うし、安ければそれなりだと思われます。宣伝文句と価格で期待値のさじ加減をコントロールして、リピートにつながる販売をしましょう。

どの程度、お客様がリピートしてくれるかを常に意識して数字で管理することが大事です。リピートしてくれるお客様に満足してもらうのが良い商売なのです。

72 ふるさと納税に採用してもらうことはできるか？

おおむね3000円以上の商品を企画する

直販に取り組むのなら、同時にふるさと納税にもチャレンジしてみましょう。

ザックリですが、ふるさと納税での返礼品の価格設定は「1万円の寄付で約3割(約3000円)の商品を返礼品としてお届けする」です。ですので、あまりにも安い商品を返礼品とすると1回あたりの寄付額と商品単価が低く手間ばかりが増えてしまうので注意しましょう。

生鮮品でも加工品でも、目安は3000円以上のできるだけ高額な商品がふるさと納税に適しています。

市役所・町村役場のふるさと納税担当者へ連絡する

ふるさと納税の獲得競争が激化しているので、各市町村も少しでも納税額を高めるべく取り扱い商品点数を増やしたがっています。そのため、連絡すれば担当者が親身になって相談に乗ってくれて、出品まで丁寧にサポートしてくれます。

国の審査がある

役所・役場に受理され審査が通ると、次は国の審査を受け許可をされることになります。

近年では、ふるさと納税への出品が増え続けており、国の審査に時間がかかるようになってきました。ですので返礼品を発送できる時期の少なくとも3カ月前、できれば半年前には市町村に申請し、早めに取り組んでいくことが大切です。

寄付受付を始める

数量が限定的な場合は限定数量で出すこと。限られた期間しかお届けできない商品であれば期間限定で出品すること。天候の影響に左右され収穫発送日は明確ではない商品であれば「日付指定は受け付けない」など、在庫切れや発送できない事態にならないよう気をつけましょう。

ふるさと納税のメリット・デメリット

ふるさと納税のメリットは、ほぼ定価で販売できること、煩雑な受発注業務を自治体がやってくれること、入金管理も不要、送料も自治体が負担してくれることです。

逆にデメリットは市町村間の競争激化により昔ほど売れなくなってきていること、出品準備や自治体との契約など事務的な負担が増えること、利用者が次の年に違う商品を選ぶことが多くリピーターになりづらい傾向があることなどが挙げられます。

73 出荷規格について

なぜ出荷規格があるのか？

「ＪＡなどが決めた出荷規格が厳しいせいで、出荷できるものが少なく儲からない」という意見をＳＮＳで定期的に見かけます。

例えばホクレン農業協同組合連合会（北海道における経済農業協同組合連合会）では、トマトのＬサイズは２００～２５０ｇ未満、Ｍサイズは１５０～２００ｇ未満、Ｓサイズは１２０～１５０ｇ未満という規格がありま す。段ボールのサイズや一つの段ボールに何個詰めるかという個数も決められており、農家は皆この規格通りになるよう作物を栽培しています。

ではなぜ出荷規格があるのでしょうか。

ＪＡや卸売市場では、１日に何千、何万ケースの青果物が取引されます。そのすべてを現物確認して取引するのは不可能です。

例えば、東京都内に２００店舗を展開するスーパーのバイヤーが仕入れる野菜すべてを確認することはできません。だから出荷規格があり、出荷規格どおりに箱詰めされている前提で取引が成り立つのです。もし、出荷規格がないと仕入れる野菜すべてを現物確認しないといけません。かなり非効率なことになります。

出荷規格への誤解

出荷規格への誤解として、「ＪＡや卸売市場などが勝手に決めている」というものがあります。

出荷規格は農家の意見も踏まえ、最終的に仕入れをするスーパーや仲卸、卸売市場の意見も参考に決めているのです。

もし、出荷規格を変えたければ、ＪＡと農家で話し合いをすることも可能です。多くの農家が出荷規格の変更を望めば、それは実現します。

どんな取引にも出荷規格はある

ＪＡや卸売市場の出荷規格が話題になりますが、実はどんな取引でも出荷規格はあります。

例えば、業務加工用として、食品工場や外食産業に出荷する場合や学校給食なども、その取引に合った出荷規格があります。直売所に出したり、インターネット販売をしたりする場合でも、自分自身である程度の規格を決めますよね。

直売所の場合は、お客様が手に取って、入っているものと価格を見て購入の是非を決めるだろうし、インターネット販売では、現物を見ることができない分、送られてきたものに不満があれば二度と注文しないという判断をされると思います。

このように出荷規格はすべての取引で作らないといけないものなのです。

出荷規格が悪いのか？ 出荷規格通りに作れない人が悪いのか？

出荷規格の議論になると、農家の意見も2つに分かれます。

1つは、冒頭でも紹介した出荷規格が厳しいというもの。厳しくて受け入れてくれない、廃棄しないといけなくなった、などですね。

もう1つは、出荷規格通りに作る生産技術が不足しているのがいけないというもの。みんな出荷規格通りに作っているのだから、作れない人の努力が足りないという考え方です。これはどちらが正しいのでしょうか。

個人的見解も入りますが、基本的には出荷規格通り作れないとプロ農家として失格だと考えます。出荷規格が時代に合わないなど変更する必要があれば、農家同士で話し合い、そのうえで取引先に提案をして変更を協議するのが流れです。

また、むやみやたらに出荷規格を緩めることで、産地として、または個人農家としても信用を失う可能性があります。これも冒頭で書きましたが、1箱1箱、中身を確認していては取引などできないのです。となれば、この農家のものは、品質の揃った良い物が入っていると信用を得る。だから高値で買ってくれるのです。

コラム

廃棄処分を決断する時

廃棄処分と向き合わなくてはいけない

農業を営むうえで避けては通れない課題の一つが、**「育てた農作物が廃棄になることがある」**ということです。

精神的にもきつい廃棄処分には、どのようなケースがあるのか解説していきます。

相場の値崩れで採算が合わなくなる

JAや市場出荷だと、相場によって価格が左右されます。主要産地が豊作になると供給があふれ価格が大暴落することも。

こうなると収穫や出荷にかかるコストも回収できないケースも出てきます。

こうなってしまった場合は割り切りが大事です。JAや市場と相談し「Lサイズのみを収穫出荷し他は廃棄」や「全量廃棄する」など収穫出荷をやめる判断をしなければなりません。

病害虫や天災が原因で廃棄

病害虫が畑全体に広がり品質が悪化してし

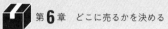

まい、収穫せずに全量廃棄になることもあります。

また、台風や大雨など天災被害による廃棄もあります。農作物の廃棄と聞いて一番想像しやすいのが、このケースでしょう。

台風による強風で作物に傷が付く、大雨で水没し根が腐りダメになるなどの被害を受けると回復不可能な状態となって廃棄せざるを得ない状況になります。

畑でそのまま廃棄する場合

畑でそのまま廃棄する場合は、作物をそのままトラクタで耕して土の中に戻して分解させ、次作の栄養分とします。

大雨で水没し作物がダメになった場合は、畑の土が適正水分まで乾くのを待ってからトラクタで耕してください。土が過湿状態で耕すと団粒構造（小さな粒々があって柔らかい状態）を破壊してしまうため、土壌の物理性が悪化してしまいます。

強風で傷が付いた作物が大量に出た場合や規格外が大量に出た場合は、畑の片隅に堆肥場を作りそこに堆積して、他の有機質と混ぜ一定期間発酵させて堆肥化し、次の作物のために活用していきます（病気拡大のおそれがある場合は不可）。

もしくは、畑の片隅に大きな穴を掘って埋設処理し土に返す方法もあります。

農業には予測不可能なリスクがつきものですが、廃棄処分を決断することになっても気持ちを切り替え、前に進んでいくメンタルの強さも必要なのです。

第 7 章

農作物を作るうえで必要な基礎知識

74

売るための農作物を作るとは、どういうことか

売れる農作物を作るための基本

農作物を作る際は、単に収穫することを目指すだけでなく、消費者ニーズを意識した生産が重要です。

「売れる農作物」とは、品質、大きさ、味、見た目などが消費者の期待に合致しているものを指します。また、収穫のタイミングや出荷時期を工夫し、需要の高い時期に合わせて出荷することで、売れる可能性が高まります。

さらに、季節や流行をリサーチし、それに応じた作物を計画的に育てることが大切です。

売れる農作物を作るためのポイント

どうすれば売れる農作物をつくることができるのでしょうか。ポイントは大きく分けて2つあります。

① 消費者や市場のニーズを調べる

農業はビジネスであり、マーケティングが極めて重要です。ビジネスとしての農業を成功させるためには、市場の需要をしっかりと

把握し、消費者のニーズや市場の動向に基づいて計画を立てることが大切です。

第5章で触れたように、マーケティングや販売戦略の重要性を理解し、作物の選定や栽培方針を慎重に決めることが、農業経営において大きな差を生むことを意識しましょう。

どんな野菜や果物が人気なのか、どの時期に需要が高まるのか、どんな作物が儲かるかをしっかり調べましょう。

②「作ってから売る」のではなく、「売るために作る」

よくある誤りの一つは、売り先が決まっていないにもかかわらず、農作物を大量に作ってしまうことです。作った後に売り先を探すというアプローチでは、適切な販路を見つけることができず、売れずに廃棄することになってしまいます。

農業をビジネスとして成功させるためには、まず売り先を確保し、ニーズに合った農作物を作ることが基本です。

売る相手が決まっていない段階で作物を作り始めることは避けるべきです。もしこの最初の段階で誤った選択をしてしまうと、長期にわたる農業経営において大きな損失を招く可能性があります。

農業は一度作物を育て始めると、すぐに変更や撤退が難しいため、最初の方向性を誤ると後戻りできない事態に陥ることも少なくありません。「作ってから売る」のではなく、「売るために作る」という意識を持ちましょう。

75 肥料の大量要素、微量要素

肥料（栄養）の重要性

植物は光合成によって水と二酸化炭素からデンプンを作り、生命活動を支えています。しかしそれだけでは不十分で、土壌の栄養素を吸収することでより健全に生育し、発達を促します。この栄養素は**「大量要素」**と**「微量要素」**に分類され、それぞれが植物において重要な役割を果たします。

大量要素とは

大量要素は、植物がたくさん必要とする栄養です。次の6つが代表的な例です。

① **窒素（N）**：葉や茎の成長を促します。
② **リン酸（P）**：花や実の発育を良くします。
③ **カリウム（K）**：根を強くし、植物の体内活動を支えます。
④ **カルシウム（Ca）**：細胞壁を強くし植物を支えます。
⑤ **マグネシウム（Mg）**：光合成に欠かせないクロロフィルの材料になります。
⑥ **硫黄（S）**：タンパク質や匂いを作るのに必要です。

大量要素と微量要素

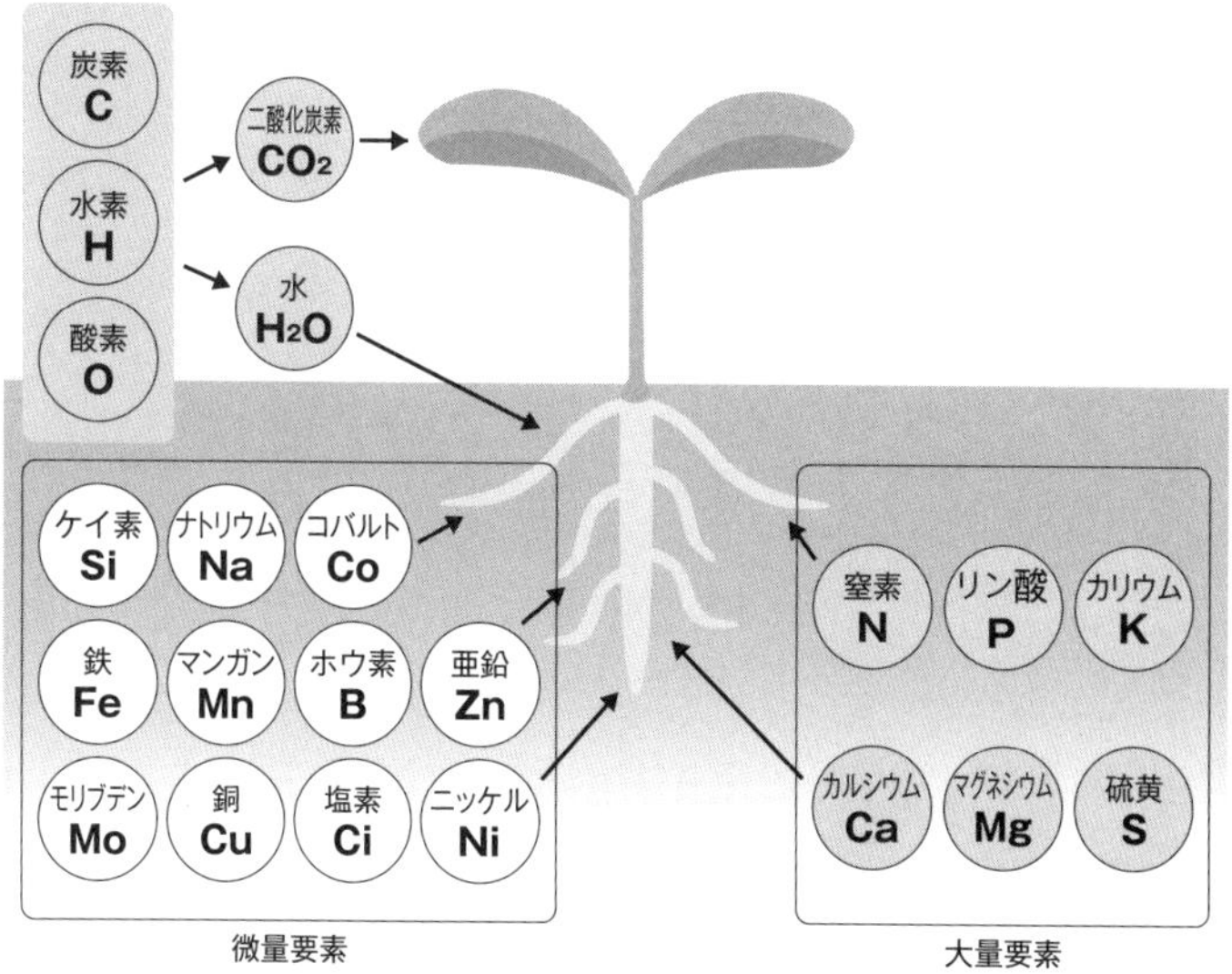

大量要素	微量要素
窒素（N）	鉄（Fe）
リン酸（P）	亜鉛（Zn）
カリウム（K）	マンガン（Mn）
カルシウム（Ca）	銅（Cu）
マグネシウム（Mg）	ホウ素（B）
硫黄（S）	モリブデン（Mo）　など

微量要素とは？

微量要素は植物が少量しか必要としないものですが、欠かすことのできない栄養です。鉄（Fe）、亜鉛（Zn）、マンガン（Mn）、銅（Cu）、ホウ素（B）、モリブデン（Mo）などが微量要素に該当します。

これらの微量要素は、植物の成長や代謝において酵素反応を支える役割を果たします。

例えば、鉄はクロロフィルの生成に関与し、亜鉛は酵素の活性化に寄与します。

微量要素が不足すると、葉の色が変わったり、成長が遅れたりといった欠乏症が現れることがあり、少量であっても非常に大切な栄養です。

肥料の使い方に注意

大量要素も微量要素もバランスよく与えることが大切です。肥料を与えすぎても、肥料が足りなくても障害が起きます。

例えば窒素が多すぎると、葉ばかり育って花や実がつかなくなります。微量要素は少しの量で足りるので、与えすぎると過剰症が出たりすることがあります。

適切な量を知るために、「土壌分析」を行い、土の状態を調べることが大切です。土壌分析を通じて不足している栄養や過剰な要素を把握することで、適切な肥料設計を行い、効率的に肥料を与えることができます。作物や土壌の状態に応じて肥料のバランスを保つことが、作物の健康な成長につながります。

バランスが大切！「ドベネックの桶理論」

「ドベネックの桶理論」と呼ばれる考え方が農業では重視されています。

この理論は、桶の板が1枚でも短いと、桶を水で満たせないように、植物の成長も最も不足している栄養によって制約されるというものです。

したがって、栄養をバランスよく適切な量で供給することが、植物の健全な成長において非常に大切です。

人がバランスよく食事をすることが大切なように、植物もバランスの良い食事をすることが大切です。

ドベネックの桶理論

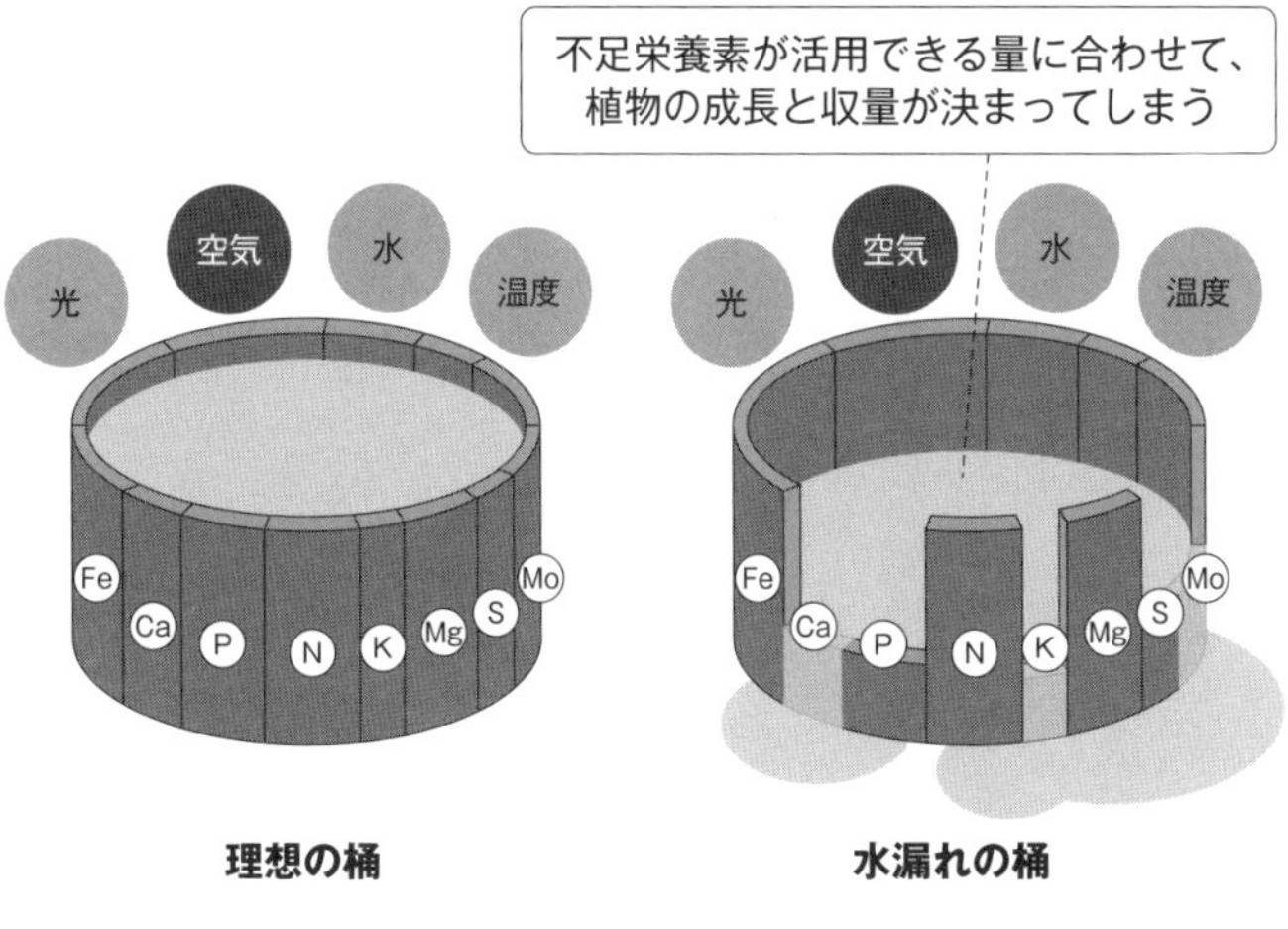

76 土作りの基礎

土作りとは？

土作りは農業の基本で、作物が健康に育つために欠かせない基本中の基本の作業です。

植物は根を土に張り、そこから栄養や水を吸収します。そのため、土が良い状態であることがとても大切です。

健康な土壌を保つことは、作物が元気に育つための第一歩です。

よく、土壌は人の胃腸に例えられます。人の胃腸が健康であれば体調が良くなるのと同じように、土壌が健康であれば作物も健康に育ちます。ですから、土を育てることが、よりよい作物を育てることにつながります。

農業とは、植物が育ちやすい環境を作る仕事です。土を育てることが、その環境作りで最も大切なことです。

土の酸性とアルカリ性を調整しよう（pH値）

土の「酸性」や「アルカリ性」を表すpH値は、植物が栄養をどれだけ吸収できるかに大きく関わっています。理想的なpH値は6・5

土壌のpHと肥料要素の溶解

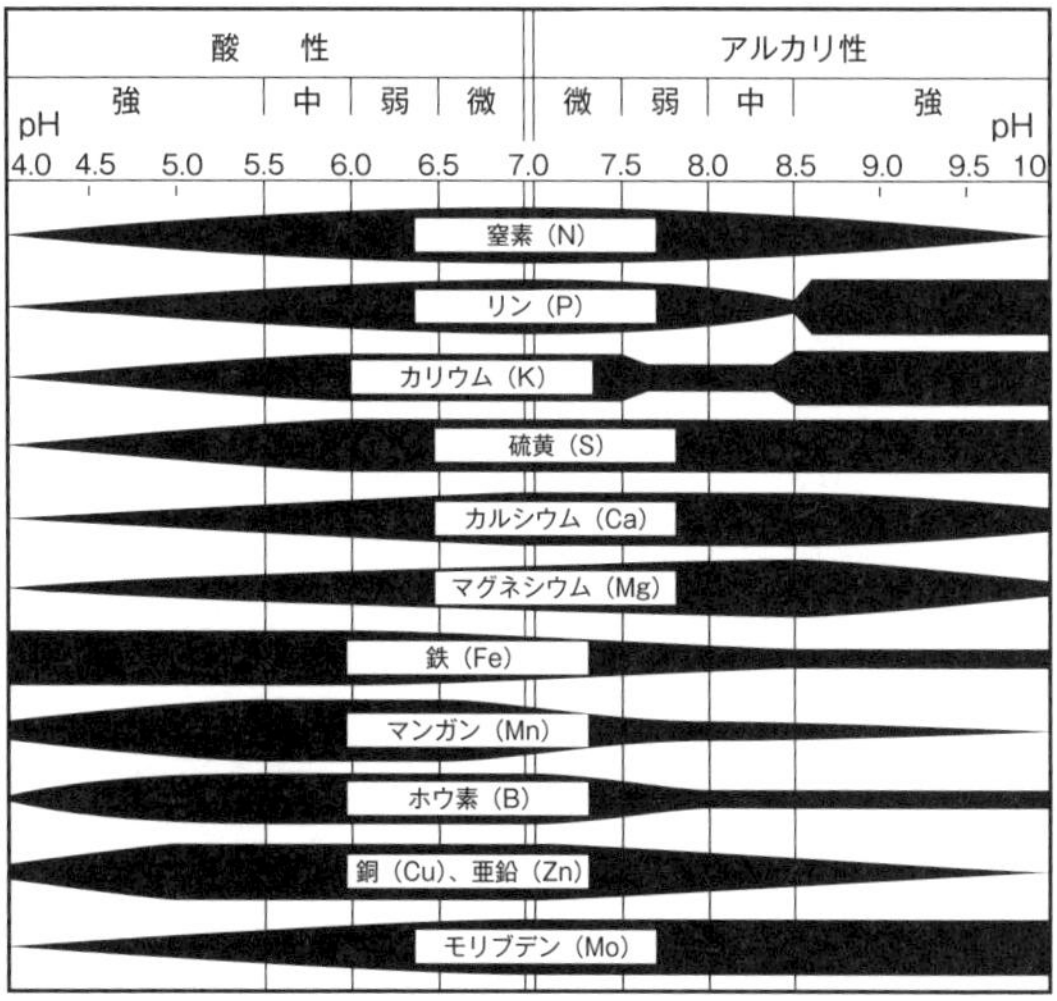

～6・8で、この範囲だと植物が必要な栄養を効率よく吸収できます。

pHは上図のように土壌養分の効き方と大きく関係しています。図の線が細いところは、養分の効きが悪いところを示しており、pHが高いところや低いところでは、ほとんどの養分の効きが悪いです。

pHが適正（中性）だと、ほとんどの栄養が最も効率よく吸収されます。また、土にいる有益な微生物（放線菌など）も中性を好むため、微生物が活発に働くことで土壌の健康がさらに向上します。

放線菌は、作物にとって「土壌の自然界のお医者さん」と呼ばれる有益な微生物です。土壌を健康に保ち、作物が育ちやすい理想的な環境を作る大切な役割を果たします。放線菌は、人が病気の際に使用する抗生物質の多くのもととなる物質を作り出すことで知られ、土壌中でも抗生物質を分泌して有害微生物の繁殖を抑える働きを持っています。

また、放線菌が作る物質は、土の独特な良い香り（いわゆる「土の香り」）のもとになり、有害菌の増殖を防ぎながら土壌の健康を維持します。活発に働く放線菌は、有効菌と有害菌のバランスが取れた土壌を作り上げ、作物が健康に育つための理想的な環境を作ります。

そのため、放線菌などの有効な微生物が活動しやすい状態を保つことが、土作りにおいて非常に重要です。

土の栄養を蓄える力（CEC）と土壌中の塩類濃度（EC）の影響

土壌の中で栄養を蓄えたり、植物に与えたりする力は、作物の成長にとても大切です。その力を表す指標がCEC（陽イオン交換容量）であり、土壌の塩類濃度の影響を示すのがEC（電気伝導率）です。植物が健康に育つ良い土を作ることができる土壌分析の指標の一つです。

① CEC（陽イオン交換容量）：土の栄養を蓄える力

CECは、土が栄養をどれだけ蓄えられるかを示す指標です。CECが高い土は「栄養をたくさん蓄えて、必要な時に植物に与える力」が強い土です。

ＣＥＣが高い土は長期間にわたって豊富な栄養を保ち、必要なタイミングで作物に栄養を供給できます。作物の成長が安定しやすく、健康な収穫を目指せます。

人の体に例えるとＣＥＣは「胃袋の大きさ」です。人の胃袋が健康で十分な大きさだと、食べ物をよく消化できて栄養に変えられるように、ＣＥＣが高い土壌は作物のためにしっかり栄養を溜めて供給することができます。

②　ＥＣ（電気伝導率）：
土壌中の塩類濃度の影響に注意！

ＥＣとは、土壌に含まれる塩類濃度を示します。ＥＣは硝酸態窒素との関わりが深く濃度が高すぎると塩類集積を起こし、生育不良になります（肥やけ）。水や栄養を吸いにくくなります。これが原因で、植物の根が周りの塩分に負けて水を吸えなくなり、乾燥状態になります。

ＥＣ値は０・３mS／cm以下が理想的です。これを超えると塩分ストレスが発生するため、肥料の量を適切に調整する必要があります。

栄養のバランスを考えよう（塩基飽和度）

土壌中の栄養のバランスを保つことは、作物が健康に育つために欠かせません。栄養のバランスが整っている土壌は、植物が必要な栄養を効率的に吸収できるため、成長がスムーズになります。土壌中の主要な栄養素（カルシウム、マグネシウム、カリウム）の理想的な比率は次の通りです。

カルシウム：マグネシウム：カリウム＝5：2：1

この比率が維持されていると、作物は栄養を無駄なく吸収できます。

また、バランスが取れた土壌は作物の健康な成長を支えるだけでなく、病気やストレスに対する耐性も向上させます。

土壌にもメタボがある

人間が栄養を摂りすぎると生活習慣病になり、所謂「メタボ」になるように、土壌にもメタボ状態があります。これは、カルシウム、マグネシウム、カリウムが基準値を超えて多くなりすぎた状態です。

メタボ土壌は過剰な栄養が他の栄養の吸収を妨げます。理想的な比率を守ることで、土壌がメタボになるのを防ぎ、作物が健康に育ちます。

堆肥や有機物を使おう

堆肥を入れると微生物が活発になり、土が「団粒構造」という良い状態になります。この土壌は、空気が入りやすい（通気性）、水を溜めすぎず、流しすぎない（保水性・排水性のバランス）などの特徴があります。

水もちが悪いと、土が乾きやすく、作物が水不足になります。水はけが悪いと、根が水に浸かりすぎて呼吸ができず、根腐れ（植物の根が腐敗して機能を失い、健康な成長が妨げられる状態）を起こします。

堆肥で土壌をパワーアップ

堆肥のCN比（炭素と窒素の比率）も重要な指標です。CN比は値が低いほど窒素含有量が多く、値が高くなると窒素含有量が少なくなります。

CN比が適切でない堆肥は、未分解の有機物が土壌に投入され、微生物の活動を阻害する可能性があります。完熟した堆肥を使用することで、土壌の状態を改善し、作物の成長を促進することができます。

CN比は完熟堆肥の目安になります。牛糞のCN比は12〜15、豚糞は9〜12、鶏糞は7〜8の堆肥を使用しましょう。

土壌分析を活用しよう

土の状態を正確に知るために、「土壌分析」を行うのがお勧めです。次の項目について分析するとよいです。

①pH値（酸性・アルカリ性）
②EC値（塩類集積の濃度）
③CEC（栄養を蓄える力）
④塩基飽和度（栄養バランス）
⑤有効態リン酸の量
　（リン酸肥料が必要か判断）
⑥微量要素分析
⑦腐植の分析

土壌分析の結果を基に肥料の量や種類を決めると、効率よく作物を育てられます。

77

土壌の物理性、化学性、微生物多様性

土壌の特性を理解しよう

農業で健康な作物を育てるためには、土作りが欠かせません。

土壌の物理性、化学性、微生物の多様性を整えることが、作物が元気に育つためのカギです。

物理性：根が育ちやすい環境を作ろう

土壌の物理性は、土の構造や通気性、保水性、排水性といった特性を指します。これらは作物の根の成長に大きく影響します。

土が固すぎると根が広がれず、栄養や水を吸収しにくくなります。水はけが悪いと、根が水に浸かり酸素不足になり、根腐れの原因になります。

解決方法としては、堆肥を入れて、土に団粒構造を作ることです。この構造は保水性と排水性のバランスがよく、根が伸びやすい環境を作ります。また栄養が流亡しにくくなります。

理想の土壌バランス（比率）は固相率40％以下、液相率30％、気相率30％です。

理想の土壌バランス

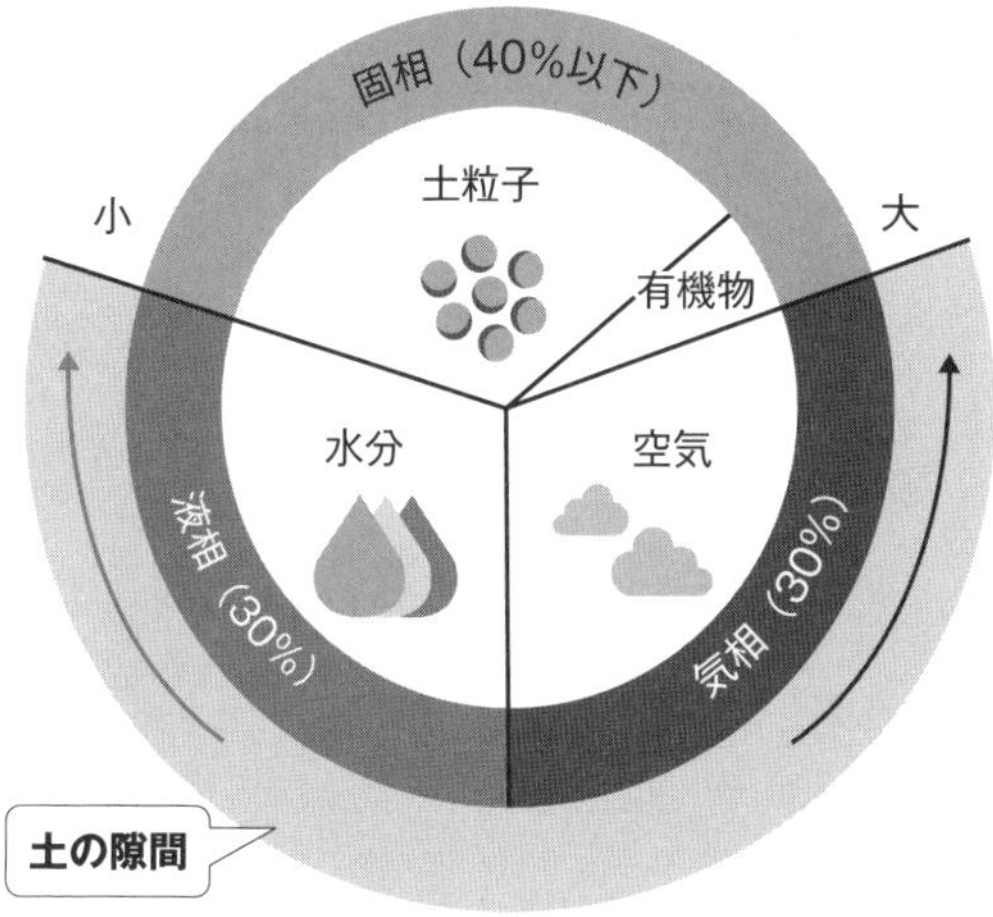

化学性：土の力を高めよう

土壌の化学性には、pH値やCECなどがあります。これらは、作物が栄養をどれだけ効率よく吸収できるかに関わっています。

土壌の理想のpH値は6・5～6・8です。この範囲だと、作物が栄養を最も吸収しやすくなります。

微生物多様性：土壌の健康を守る味方

土壌には多くの微生物が住んでおり、作物に必要な栄養を作り出しています。微生物の多様性が高いほど健康な土壌が維持できます。

一方で、微生物のバランスが崩れると、病害の発生リスクが高まるため、常に微生物環境を良好に保つことが必要です。

78

光合成について

光合成の仕組み

光合成は植物がしっかりと育つために欠かせない重要な働きです。

まず、葉の裏にある気孔から呼吸をし二酸化炭素を取り込み、根が水を吸い上げます。そして、細胞内の葉緑体で二酸化炭素と水に光エネルギー反応させ、デンプンと酸素が合成されます。酸素は気孔から排出され、作られたデンプンは植物全体に送られ成長していきます。

光合成を助ける環境

植物が光合成を効率よく行うためには、次の3つの条件が大切です。

まず1つ目は、光の量と日照時間です。日光が十分にあると、光合成は活発になります。例えば、光合成は日照が十分に確保されていないと効率が低下し、植物の成長が遅れてしまいます。一般的に、日中の太陽光が最も強くなる時間帯が光合成のピークとなりますが、地域や季節によっては日照時間が変化します。

2つ目は、温度です。植物が光合成をするのに最適な温度は、20〜30℃くらいです。暑すぎたり寒すぎたりすると、光合成の働きが弱くなり、植物が元気に育たなくなります。

3つ目は、水分です。植物には適度な水分供給が求められます。

水が多すぎると根が酸素不足になり腐ることがあります。逆に、水が足りないと植物がしおれてしまい、光合成ができません。

光合成の工夫と農業への応用

農業では、光合成を効率よく行わせるためにいろいろな工夫をします。

まず、葉や茎を整えます。剪定《せんてい》をして、植物全体に日光が当たるようにします。

土の管理も大切です。土をふかふかにして、根が元気に育つようにします。

天気を考えることも工夫の一つです。天気予報を見て、水やりや温度管理を調整します。

また、光合成には太陽の光エネルギーが必要です。雑草が生い茂った状態やビニールの汚れによって、光が妨げられてしまうことがないように注意してください。

79 土壌の排水性と保水性

土壌の排水性と保水性

土壌の**「排水性」**と**「保水性」**は、作物が元気に育つために欠かせない重要なポイントです。

排水性は余分な水を効率よく逃がす力、保水性は必要な水分をしっかり溜める力を指します。この2つがバランスよく機能することで作物は健全に育ちますが、どちらかが欠けると根腐れや乾燥などの問題が発生しやすくなります。

排水性って何？

排水性が悪いと、水が土壌に溜まりすぎて根が呼吸できなくなり、根腐れを起こしてしまうことがあります。特に日本では雨が多いので、梅雨や台風の時期には注意が必要です。水が地面に溜まりすぎると、農作業も遅れてしまい、収穫の時期がずれることもあります。

排水性を良くするためには、土を改良することが大切です。例えば、堆肥を使うと土がふんわりして水が抜けやすくなります。また、排水溝を作ることで、余分な水を早く外に逃がすこともできます。田んぼを畑地化して野菜などを作る時や、道路より圃場が低い時、圃場に雨水が集まりやすいので排水対策が必要になります。

大雨や台風後などは、雨水がどこに流れていくかを観察し、水の流れを意識しましょう。

保水性って何？

保水性が低いと、水を溜める力が弱く、作物が乾燥してしまいます。夏の暑い時期や雨が少ない季節には、土に水が少ないと作物が育ちにくくなります。

排水性と保水性のバランスが大事

排水性と保水性のバランスが良い土は、作物にとって快適な土壌です。このバランスを保つためには、次のような工夫が必要です。

- 堆肥や有機物を使う：土壌の団粒構造を促進し、保水性を高めると同時に、水が抜けやすい土にもなります。
- 山土を客土する：砂地の場合は山土などを加えることで、保水力を補うとともに過剰な水分が滞留しないようにすることができます。
- マルチング（植物の株元をシートやわらなどで覆うこと）をする：地面を覆うことで水の蒸発を防ぎます。
- 土の状態を観察する：雨が降った後に水が溜まりすぎていないかチェックして土壌の排水性を把握しておくことも大切です。

80 根の基礎知識、土中の働き

根の土の中での役割

作物が元気に育つために、「根」はとても大切です。根は、土の中から栄養分や水分を吸い上げ、作物全体に届けます。この働きがうまくいかないと、作物は元気に育つことができません。

また、根は作物をしっかりと土に固定して支えます。風が強い日や台風の時でも作物が倒れないようにするために、根がしっかりと張ることはとても大切です。

根には、作物全体の水分バランスを調整する役割もあります。土が乾燥しすぎると、根が水を吸い上げられず、作物がしおれてしまいます。反対に、水分が多すぎると根腐れを起こすため、水分量の管理がとても重要です。

根が育つための環境

根が土の中でしっかり育つには、土壌の状態が大きく関係します。

まず、通気性が必要です。根も呼吸をしています。土が固くて空気が通りにくいと、根がうまく育たなくなります。ふんわりと柔らかい土ならば根は土の中を張りやすくなり、たくさんの栄養や水を吸収できます。

次に、カルシウムです。カルシウムは根の先端を強くする大切な栄養素です。根の先端は土を掘り進むドリルのような働きをしており、カルシウムが十分にあると根の先端部分を強化し、土の中で進みやすくなります。

カルシウムは、細根の発育を促進するため、根量が増えて作物が吸収できる栄養素の量が増え、健全な成長を助けます。

根腐れを防ぐには？

根腐れは、過剰な水分や通気性の悪い土で起こりやすいです。水が多すぎると根が呼吸できず、酸欠状態になり腐ってしまいます。

適度な水やりを心がけ、排水性の良い土を作ることが大切です。雨が続いた時には水が溜まりすぎていないか確認しましょう。

根の観察と管理

作物の健康状態を知るためには、土を掘って根の様子を観察することも必要です。

まず、根がしっかりと土の中に広がっているか確認します。植物は、地上部：根部＝4：6の割合とされるように、根の発育が地上部の成長に直結します。

次に、根がどこまで伸びているかを見て、その場所に肥料を与えるようにします。

土を掘ってどこまで根が張っているか確認することは、肥料をしっかりと効かせるためにも大切なことです。

81

農業における潅水の重要性

農業における潅水の重要性

潅水は作物の成長に直接関わるだけでなく、収穫量や作物の品質にも大きな影響を与えます。

作物に必要な水を適切なタイミングで与えることが大切です。

潅水が適切でない場合、過剰な水は根腐れを引き起こし、逆に水が不足すると、作物の成長が遅れたり、収穫量が減少したりする原因となります。

潅水の必要性

近年、雨が長期間降らない「干ばつ」や、突然大量に雨が降る「集中豪雨」が増えています。そのため、自然の降雨だけに頼らず、自分で水をコントロールできる潅水施設を用意しましょう。

例えば、夏にニンジンを育てる場合、適切に潅水を行わないと発芽が不安定になり、その後の成長にも悪影響を与えることがあります。潅水を適切にすることで、安定した発芽と生育が促され、競合農家が作物を収穫できない時期に高値で取引されることが期待できます。潅水は収量と収益を左右する大きな要素にもなります。

夏は高温で乾燥しやすく、作物が水不足になりやすい季節です。この時期にスプリンクラーなどの潅水設備を活用することで、安定した発芽と順調な生育を確保できます。

施設における潅水の重要性

施設栽培では、潅水システムの整備はさらに大切になります。例えば、ハウス栽培では、単に井戸を掘って水を確保するだけでなく、圧力タンクを設置して全圃場に均等に水が行き渡るようにすることも大切です。圧力タンクがない場合や水圧が不安定な場合、作物に供給される水量が不均一になり、作物の生育も不均一になります。

作物が均一に成長することで、良質な作物を大量に収穫でき、市場での評価も向上します。不均一な成長は、収穫後の品質にムラが生じ、市場での評価が下がる可能性があるため、潅水は細心の注意を払って行う必要があります。

夏場の潅水と冬場の潅水

夏は、日照時間が長く気温も高く、作物の成長も早いです。反対に冬は日照時間が短く、気温も低いため、作物の成長もゆっくりになります。夏は夕方もしくは朝早く潅水しますが、冬場は日が昇って気温が上昇した午前中に潅水をします。冬場は乾燥しにくいため水の与えすぎに注意が必要です。

82

適地適作が大切

適地適作の3つの条件

適地適作では、次の3つの条件を考える必要があります。

1つ目は**気候**。作物は気温や降水量などの気候にも影響を受けます。寒い地域に適した作物もあれば、暖かい気候でよく育つ作物もあります。

例えば、マンゴーは亜熱帯地域の作物です。日本で栽培するためにはハウスと暖房を利用して、亜熱帯に近い温度で栽培することが必須となります。

2つ目は**土壌**。土の種類や栄養も重要です。例えば、ブルーベリーは鉄が重要な栄養素であるため、酸性の土でよく育ちます。作物ごとの適した土の性質を調べることが大事です。

そして3つ目は**地形**。作物ごとに、適した地形があります。例えば、お茶やミカンは山や丘陵地のような場所で育てるのが向いています。

適地適作が大事な理由

適地適作が大切な理由は3つあります。

1つ目は、作物を健全に育てられるから。適した環境で育てると、作物が病気になりにくく、害虫も減ります。逆に、環境に合わない作物を育てると、病気や害虫の被害が増え、収穫量が減ることがあります。

2つ目は、地域の特徴を活かせるからです。地域ごとに適した作物を選ぶと、その地域の農業が発展し、地域の名産品として広めることもできます。

そして3つ目は、経済的な負担を減らすことができるからです。適地適作を実践すると、作物が環境に合っているため、肥料や農薬の使用量を最小にすることができます。

これにより、無駄な出費が減り農業にかかるコストも削減できます。経済的に効率の良い農業を実現できます。

気候変動と適地適作の変化

最近は温暖化や異常気象の影響で、気候が変わってきています。これに対応するため、新しい作物や品種を試すことも大切です。

例えば、今まで暖かい地域で育てていた作物が寒い地域で育てられるようになったりしています。リンゴは寒い地域で生育が良い作物ですが、近年の温暖化により今まで適地とされていた地域でも着色不良となる被害が出ており、栽培適地が年々、北上しています。お米なども品種改良と温暖化の影響で北海道が主産地になっていることなども同様です。

今までとは状況が変化していることも念頭に置いて作物を選択することが大切です。

83 適期適作業・作業のタイミング

作業のタイミングを見極めよう！

適期適作業とは？

農業では、作物の成長に合ったタイミングで必要な作業を行うことが求められます。このタイミングがズレると、収穫量や品質が大きく影響を受けるため、適した時期に適した作業を行うことが大切です。それを表す言葉が、「適期適作業」です。

適期適作業とは？

適切な時期に適切な作業行わないと、次のような問題が起こることがあります。

○種まきが遅い場合

品種により播種の適期があります。この時期を逃してしまうと、発芽がうまくいかなかったり、作物の成長が遅れてしまい、きちんとした大きさに育たなかったりすることがあります。

○収穫が遅れる場合

収穫のタイミングも大切です。それぞれの品種で収穫に適したタイミングがあります。

そのタイミングを逃して収穫が遅れると、作物の品質が下がり、味が悪くなったり、病害虫にやられたりします。

適期適作業を常に意識して実践することで、作物を元気に育て、収穫量や品質を最大限に高めることができます。

天候をよく観察する

作業のタイミングを決めるには、天気の観察が欠かせません。

○梅雨や長雨の時期など雨の日が続く場合

播種や収穫を行うと、発芽不良になったり、作物が腐敗したりするリスクが高まります。また病気の被害が増えるので、農薬の防除も欠かせません。

○乾燥が続く場合

適宜に潅水を行い、作物が水不足にならないようにします。潅水施設などの準備も大切です。

その年の天候により夏場に、雨が思ったように降らないといったこともあります。水不足で、作物の成長が止まったりすることもあります。

作物の成長を観察する

作物の成長段階に合わせた作業が必要です。

○肥料を与えるタイミング

作物は生育の段階により必要としている栄養が違ったりします。必要な栄養を必要なタイミングで施肥することは、よりよく成長させるために大切なことです。適切な時期に適切な追肥を行うことが大切です。

花肥《はなごえ》や穂肥《ほごえ》などの言葉もあります。

花肥は、花を咲かせるために必要な栄養を補う肥料です。主にリン酸を含む肥料が使われ、花付きや実付きに影響します。

穂肥は、稲や麦などの穂が出る時期に与える肥料です。穂の形成を助け、収穫量や品質を向上させます。

○作業のタイミング

例えば、トマトは特に手入れが重要な作物の一つです。

芽かきは、トマトの茎から横に伸びる「わき芽」を取り除く作業です。この作業をすることで、養分が余計な芽に取られず、実が大きく育つようになります。

葉かきは、トマトの下のほうの葉を取り除く作業です。古くなった葉は光合成の効率が低下しているため、取り除くことで実に養分が集中し、病害虫の発生も防げます。

○病害虫対策

病害虫の被害も時期により異なる病気や害虫が発生します。それぞれの病気や害虫のタイミングに適した農薬の使用が、被害を最小限に食い止めます。

通常は病害虫が発生する前から予防薬を散布して、病害虫の発生が認められたら、治療薬の散布を行います。行政が毎年発表している病害虫発生予察情報なども必ず確認することが大切です。農林水産省からも、各都道府県からも情報が出ていますので、調べてみてください。

定植が早すぎる場合の事例

農業では、タイミングが早すぎる作業は一見して収益向上につながると考えがちですが、実際にはそうでないケースが多々あります。

例えば、冬春栽培のミニトマトやトマトでは、近年定植時期がどんどん早まっている一方、温暖化の影響で咲いた1番花や2番花が結実せずに落ちてしまう事例が増えています。

この場合は、定植時期をゆっくりと遅めにしたほうが、確実に実をつけ、良い結果をもたらすことがあります。

気象条件に合わせて播種や定植のタイミングを見極めることが、大切です。

適期を守るための心構え

最も大切なのは、作業を先延ばしにしないこと。「今日やるべきこと」を先延ばしにすると、後で雨が降り、作業が追いつかなくなることがあります。

また、早めの行動が大事です。数日早めに作業を行うことで、適切なタイミングを逃さずに済みます。

例えば、防除のタイミングを逸すると、病害虫や雑草の被害が広がり、結果的に収量が大幅に減少するリスクが高まります。

84

栽培記録・作業記録をつけよう

記録は農業を続けるうえでの貴重な資料

栽培記録・作業記録をつけることは農業を営んでいくうえでの貴重な資料となり、農作業の改善や効率化、トラブルを防ぐなど、とても役に立ちます。

1日でも早く稼げるようになるためにも、記録はしっかりつけるようにしましょう。

記録をつける目的

記録をつける目的は大きく分けて4つあります。

1つ目は、トレーサビリティ（食品の流通経路を追跡し、記録管理する仕組み）に対応するためです。農作物を出荷する時は生産履歴をJAや市場などに提出しなければなりません。その元資料として農作業日誌はつけておくべきでしょう。

2つ目は、作業の進捗状況確認です。去年や一昨年の記録と比較して、作業が遅れているのか、それとも進んでいるのかを把握することができ、作業の進捗状況がわかるようになります。

3つ目は、生育管理の予測を立てるためです。「アブラムシが発生」とか「ミニトマト○○段で摘芯した」など記録を見て、「そろそろ薬剤散布を」とか「○○作業の準備をしておこう」など、栽培管理で予測を立て先手を打つことができます。

4つ目は、作業の改善のためです。例えば、「トンネルパイプの間隔が広すぎるので、間隔を短くして、より風に強くする」と書いてあれば、今年は間隔を狭く立てるといった改善ができます。

「ハダニの薬剤散布が遅れた。6月に入ったらハダニの発生に注意」など、来年の自分に向けてメッセージを書くように記録すると、栽培現場が改善されて楽になっていきます。

ポイントは習慣化

作業が終わったら必ず記帳する、お昼休みに必ず記帳するなど、習慣化していくことが大事です。くれぐれも「1週間まとめて記入する」など溜めてから記入すると、どうしても記憶が曖昧になっていて内容が薄くなってしまうので注意してください。

しっかり記録された情報は、未来の自分を助けてくれる貴重なデータとなります。作業記録・栽培記録を毎日記帳して、そのデータを活用していくことで農業経営の改善と収益向上につながっていくでしょう。

85

病害虫の基礎知識

病害虫の基礎知識

農業は自然の中で行うもののため、農作物を育てる時、病気や害虫（病害虫）が作物にダメージを与えることがあります。病害虫の被害にあうと、収穫量や品質が低下してしまいます。

病害虫の仕組みを知り、正しい予防と対策を取ることが、農作物を元気に育てるためにはとても大切です。

病害と害虫

病害は、植物に病気を起こす微生物（カビや細菌、ウイルスなど）が原因です。

- うどんこ病：葉や茎に白い粉のようなカビがつきます。
- 疫病《えきびょう》：湿気の多い場所で葉や実が腐る病気です。
- 灰色かび病：果実や葉に灰色のカビが広がります。

害虫は、虫やダニが植物を食べたり、栄養を吸い取ったりしてダメージを与えることです。代表的な害虫には、次のようなものがあります。

- アブラムシ：葉や茎から栄養を吸い取ります。
- ハダニ：葉の裏に隠れて葉を傷つけ、植物の成長を妨げます。
- ヨトウムシ：漢字では「夜盗虫」と書き、昼間は土の中に潜んでいて、夜に葉や花を食べる害虫です。

病害虫が発生しやすい条件

病害虫は、環境によって発生しやすさが変わります。

- 高温多湿（暑くて湿った環境）
カビが増えやすくなります。例えば、梅雨やビニールハウスの中などです。
- 乾燥した環境
ダニのような虫が増えやすくなります。
- 連作障害
同じ場所で同じ作物を育て続けると、連作障害といって病原菌や害虫が増えることがあります。

病害虫を予防する方法

病害虫を予防するためには、次の5つのことが大切です。

- 土作り
健康な土壌は病気に強い作物を育てます。

堆肥や適切な肥料の施肥、有効微生物を使って土を元気にしましょう。

- 栽培の管理
  作物の間引きや剪定《せんてい》（樹木の不要な枝を除去して樹形を整えること）で風通しを良くし、病害虫が発生しにくい、綺麗な環境を作りましょう。
- 農機具は常に綺麗に保管
  作業者の手や農機具などを介して拡散することもあるので使用する器具は清潔に保管しましょう。
- 定期的な観察
  作物の様子をチェックし、異常を早く見つけます。
- モニタリング装置の設置
  害虫の種類によって黄色や青色を好む性質があることを使用した黄色や青色の粘着トラップなどを圃場に設置することにより、害虫の発生を一早く見つけるとともに防除ができます。

病害虫の感染経路

病害虫は雑草で越冬するといわれています。雑草で越冬した病原菌は胞子として風で飛散し、あるいは雨滴による拡散を通じて、圃場全体に病害を広げる恐れがあります。

さらに、雑草で蛹や卵の形で越冬した害虫が飛翔し、圃場間を移動して被害を広げることも少なくありません。特にアブラムシのような飛翔能力を持つ害虫は、風に乗って他の圃場へと移動し、被害の拡大を招くことが知られています。

そのため、雑草の管理は非常に重要です。虫も病気も雑草で越冬するため、雑草が生えた場合はできるだけ早い段階で除草することが求められます。

病害虫の対策

病害虫を防ぐための具体的な方法には次のものがあります。

- 農薬の使用

農薬で病害虫を防除することは大切ですが使い過ぎないように適切な使用方法で防除することが大切です。

- 生物的防除

てんとう虫などの天敵を使って害虫を抑えます。近年、コナジラミなど化学的な農薬に抵抗性がついてしまい、効果が薄いものがあります。天敵や微生物農薬などを使用すると効果が期待できるので、化学的な農薬だけではなく生物的な防除方法も検討しましょう。

- 物理的防除

防虫ネットを使い、害虫が入るのを防ぎます。直接的に作物に害虫が付かないようにする方法です。害虫の大きさによって、防虫ネットの目合いを選択することが大切です。

それぞれの方法の特性を理解し、状況に応じて適切に活用することで、作物への被害を最小限に抑えましょう。

86 農薬散布技術

農薬は使いすぎに注意！

農薬は、作物を病気や害虫から守るために欠かせません。しかし、使いすぎると逆効果になることがあります。

例えば、最近多い事例が、農薬を液が滴るほど散布することです。農薬の散布量が多いと作物に薬害を与えたり、農薬が効きにくくなったりすることがあります。

農薬の適用表に従い適切な量を守ることが、作物にもコスト的にも良い結果をもたらします。

病害虫の状況に応じた農薬の使い方

農薬には、予防薬と治療薬の2種類があります。それぞれどんな薬なのかを見ていきましょう。

予防薬は、病害虫の発生を防ぐために予防的に使用します。抵抗性がつきにくいですが、使用時期や方法を間違えると効果が出にくいため、農薬の作用をよく確認することが大切です。

一方、治療薬は病害虫が発生した時に使用

します。直接的な効果が期待できますが、抵抗性がつきやすいので、ローテーション使用が大切です。

農薬を無駄なく使うために、使用前には取扱説明書をよく読みましょう。

散布のタイミングと条件

農薬の効果を最大限にするためには、散布のタイミングが重要です。病害虫が活発になる前の時期から予防薬を散布するなど、作物が成長している段階ごとに散布しましょう。

天候条件も大事です。風が強い日や雨が降りそうな日は避けるのがポイントです。早朝や夕方など、風が弱い時間帯が適しています。

雨が降った後は病害が蔓延しやすいので、雨が降る前にも防除するとその後の蔓延が少なくなります。

農薬の使用方法

農薬を効果的に使用するには、方法にも工夫が必要です。方法は2つあり、農作物そのものに散布する葉面散布と、土壌に使用する土壌処理です。

- 葉面散布：農薬を細かい霧にして、作物全体に均一に行き渡らせます。葉の表面だけでなく、裏面にも散布することで、害虫をしっかり抑えることが大切です。
- 土壌処理：農薬を土壌に混入し、根から吸収させて土中の病害虫を防ぎます。食害された後に効果を発揮して害虫の繁殖を防ぎます。

安全と環境への配慮

農薬散布では、人や環境への影響にも注意が必要です。

まずは、作業者の安全を守ること。防護服、手袋、マスクを着用し、農薬が皮膚に触れたり吸い込んだりしないようにします。

環境への配慮も欠かせません。農薬が飛散しないよう、風向きや風速を確認し、必要以上に散布しないように心がけます。

また、農薬の管理も農薬を使ううえで重要なことです。使用期限を守って保管し、使用記録を詳細に残しておくことが大切です。記録は次回の散布計画に役立てます。

その他、最新技術を活用するという手もありります。ドローンなどを使えば、農薬の使用量を減らしつつ効率的な散布が可能です。就農して一通り農薬の管理ができるようになったら、導入を検討してみるのもよいでしょう。

農薬ローテーションの重要性

同じ農薬を繰り返し使うと、病害虫が抵抗性を持つことがあります。そのため、異なる種類の農薬を使うローテーションや、新薬への切り替えが必要です。

商品名が違っても使用している農薬の種類が同じ場合もあるので、どんな成分が使用されているか、注意深く説明書を確認しましょう。

農薬は健康に悪い？

「農薬は身体に悪いから、自分は無農薬しか食べたくない」という人がいますが、農薬は、作物を害虫や病気から守るために使われる薬で、適切に使用すれば健康に影響を与えることはほとんどありません。農薬が販売される前には厳しい安全性試験が行われ、人に害を与えないことが確認されています。

また、農薬は時間とともに分解されるため、残留量はごくわずかで、安全基準を超えることはありません。

一方で、「農薬が健康を害する原因になるのでは」と心配する声もありますが、残留農薬の基準は非常に厳しく設定され、普段の食事で問題が起きることはほぼありません。

さらに、行政は定期的に抜き打ち検査を行い、基準が守られているかを確認していいます。これにより、安心して食べられる体制が整えられています。

それでも無農薬を好む人がいる理由としては、自然への配慮や健康志向が挙げられますが、現代の農業では「減農薬」や「環境に優しい農薬」の導入が進んでおり、農薬の影響を最小限に抑える工夫がされています。

このような取り組みを評価して、過度に農薬を恐れるのではなく、科学的な根拠に基づいて農薬を正しく理解することが重要です。私たちの健康を守るためには、感情だけでなく、冷静な判断が求められるのです。

87 農業において観察力を鍛える大切さ

観察力は農業の基本

観察力とは、作物や圃場の状態を正確に感じる力のことです。農業では、作物が元気に育つための管理をするうえで、観察力を鍛えることがとても大切です。

観察力が高まると、次のようなメリットがあります。

- 病害虫を早く発見できるため、大きな被害を防げる。
- 作物が必要としている栄養や水分を正確に散布できる。
- 異常に早く気づくことで、農薬や肥料の無駄を省ける。

逆に、観察力が欠けていると、たとえ最新の機械やデータを使っても効果的な対策を取ることが難しくなります。

五感を使い観察力を鍛えることにより最新機器を有効に使用することができます。

作物を育てる工夫で観察をしやすく

作物を育てる際に工夫することで、観察がしやすくなります。

まずは、植え付けの向きや間隔を揃えること。作物が均一に並ぶと、異常があった時に見つけやすくなります。

種を均等に播種することも大切です。均等に種をまくことで、生育状況を確認しやすくなります。

こうした工夫をすることで、異常を早く発見し、すばやく対処できます。結果として、農薬や肥料の使用量を減らせるため、コストの削減にもつながります。

毎日の観察を習慣化に

農作業前、もしくは農作業後に、圃場を1日30分から1時間歩いて確認することを習慣化して、次の点をチェックしましょう。

- 葉や茎、花の状態：変色やしおれがないか？
- 病害虫の有無：葉の裏や茎に小さな虫が潜んでいないか？　病斑がないか？
- 雑草の有無：雑草が生えていないか？

早期発見することにより病害虫や雑草が広まる前に防除することができます。人の病気と同じで、なるべく未病の段階で防除していき、病害虫が出ない圃場作りに取り組みましょう。

また、日々観察した内容を記録し、過去のデータと比較することで、病害虫が発生しやすい時期や条件を予測できるようになります。データを見て予想し、病害虫の発生がない状態を維持することが大切です。

88 慣行農業と有機農業

農作物を栽培する方法

農作物を栽培する方法は様々ありますが、ここでは慣行農業、有機農業の2つに分けて説明していきたいと思います。同じ農作物でも栽培方法によって農業の仕方は大きく変わります。

慣行農業とは？

日本で流通する農作物のすべてが慣行農業によって生産されています。慣行農業では、法律に基づき、農薬や化学肥料を適切に使用して栽培を行います。この基準を守ることで、安心で安全な農作物が生産され、日本のすべての国民が食に困窮せずに、安心・安全な食生活を送れるようになっています。

農薬や化学肥料は使用しますが、厳しい基準による試験データとして安全性が証明されています。

慣行農業では、農薬や化学肥料の使用不使用にかかわらず（ただし使用する場合は法律で定められた基準を順守すること）、食の安全性が担保されています。そのため、有機農業や自然栽培による農業といった特殊な農法で作られた農作物も、この慣行農業の一部として位置付けられます。

つまり、日本で流通しているすべての農作物は、農林水産省が定めた基準を満たしており、食の安全性がすべて担保されています。

次に、慣行農業の中で、有機農業や自然栽培の農業がどのように異なるのかを説明していきましょう。

有機農業とは？

有機農業は、慣行農業の基準の順守に加えて、持続的な環境の維持を第一義的目的として、環境に優しい農業を目指しています。環境に配慮し持続可能な環境の維持を目指した農林水産省の定めた有機ＪＡＳ法に基づいて、化学的な農薬や肥料を使わない農業です。

有機農業では、有機ＪＡＳ法の基準に従い、そこに定められている資材（一部、化学的な資材の使用も認める）だけを使用して生産を行います。

有機ＪＡＳ法は農作物への認証制度ではなく、化学的な資材を使用しない圃場への認証制度です。環境の維持が第一の目的です。

一方で、化学的な農薬を使用しないため、病害虫の防除が難しく、栽培技術が高くないと慣行農業に比べて収量が少なくなってしまうケースが多いです。また、栽培管理に手間がかかるため、農園の規模にもよりますが、ある程度の人手や時間を確保しなくてはならない点も、デメリットの一つです。

89

メンター（師匠）を見つけるのが最大の近道

最初に正解を知ることの大切さ

良い農作物を作るうえで大切なことは、最初に正解を知ることです。常に正解があるのかと言われれば、必ずしも正解はあるとは限らないのですが、それでも、あなたが生産する予定の農作物を上手に作る農家の農園をできるだけたくさん見ることです。

下手な人の農園を見ても参考にはなりません。必ず上手な人の農園を見るようにしてください。たくさんの農園を見る中で、上手な人とそうでない人の違いがわかるようになります。その違いがわかることが、稼ぐ農家としての最初の一歩です。また、上手な人の中でもさらに上手な人もいますので、その違いについても判断できるようになっていきましょう。付け加えると、農作物を作るのが上手な人は、農園視察をする回数が多い人がほとんどです。

とにかく綺麗な農園が良い農園

これから農業の世界に踏み込む方は、農業生産で追求すべきものは何かがよくわからないと思います。ズバリ正解は、**良い品質のも**

のがたくさん収穫できることです。

ただし、収穫までの過程での良い悪いは、すぐには判断できないと思います。だから、たくさんの農園を見て、目を養っていくことが大切です。

その中で、気をつけて見てほしいのは、農園が綺麗かどうか、倉庫や作業場が綺麗かどうかです。農業生産が上手な人は、農園が綺麗です。そして、整理整頓がきちんとなされています。

見えている部分と見えない部分

農業の難しさは、目に見えない部分が多いことです。例えば、土の中とか、植物体内の栄養状況とか、微生物とか、温度、湿度、光の量、二酸化炭素量など、生産する農作物によって重要視する点は少しずつ違いますが、目に見えない部分にも十分に気を配る必要があります。

農業生産が上手な人は、その見えない部分の話を多くします。なぜなら、そこが大事だから。でも農業初心者はその話についていけないどころか、重要性に気が付かないことも多いです。

すぐ通える距離にメンターを見つけよう

新規就農して成功している人には、必ずと言っていいほどメンターがいます。親元就農の方も、自分の親ではなく、近くのさらに栽培が上手な農家をお手本にする人もいます。それほど大切なのがメンターであり、農業で成功するための近道がメンターの存在です。

90 雑草管理を徹底する

雑草管理の重要性とは?

農業は作物が育ちやすい環境を整える仕事です。雑草管理は、農業の基本中の基本で一番大切なことです。雑草が作物と競争して光や栄養分、水を奪うことで、作物の成長を妨げます。

また、雑草が多いと病害虫が発生しやすく、作物に被害が広がるリスクも高まります。雑草管理を徹底することが、収穫量や品質を守るために一番大切なことです。

現代では、様々な機械やIT、AIを活用した農業技術が開発されていますが、基本的な雑草管理がしっかりと行われていないと、こうした技術も効果を発揮しません。

農業の基本は昔も今も変わらず、雑草の管理が一番大切です。

「上農、中農、下農」の教え

1697年頃に宮崎安貞《やすさだ》が著した『農業全書』は、出版されたものとしては日本最古の農業書です。この書籍には雑草管理に関する教えとして「上農、中農、下農」という考え方が紹介されています。

この言葉は、単なる例え話ではなく、農業経営において非常に大切な教えです。

○下農：雑草を見ても取らない

雑草管理を怠るため、作物が育たず、収穫量や品質が大幅に低下します。病害虫が増え、経営全体に悪影響を与えます。

新規就農者や農業経験が浅い農業者、経営がうまくいっていない農家に多く見られるパターンです。

経営が忙しくなると、さらに雑草管理が遅れ、ますます悪循環が進行してしまいます。

○中農：草が生えてから取る

草が成長してから取り除くため、収穫量や品質はある程度確保できますが、雑草が作物に与えるダメージや病害虫のリスクが残ります。

農薬の散布回数やコストが増え、作物の生育も思わしくなくなる可能性があります。

多くのプロ農家もこの段階に位置しており、雑草管理の改善が経営効率を向上させるためのカギとなることが少なくありません。

○上農：草が生える前に管理する

草が目に見える前に対策を講じるため、作物への影響が最小限に抑えられます。雑草は土壌中で発芽し、根と芽を伸ばして土の上に出てきますが、上農はこの発芽の段階で対策を講じます。

効率的な農業経営が可能になり、高い収益性を実現します。

現代の農業では、土壌中で雑草の発芽を抑えるための農薬や除草剤が多く利用されています。これらを効果的に活用することで、雑草管理の労働負担を軽減し、病害虫の発生を抑えることができます。

雑草管理の方法

雑草管理には、手作業、化学的な方法（除草剤）、物理的な方法など、様々な手法があります。それぞれの特長を活かして、適切に組み合わせることが重要です。

① 手作業による除草

小規模農業や有機農業で一般的な方法です。雑草が小さいうちに取り除くことで、作業が楽になり、効率が上がります。

定期的に畑を耕して雑草の発芽を防ぐことも効果的です。

② 除草剤の使用

広い農地や大規模経営で非常に効果的です。選択性除草剤を使えば、作物を守りながら雑草を効果的に抑制できます。

土壌消毒をすることにより、雑草だけではなく病害虫にも効果が高いです。

過剰使用を避け、ローテーション使用や手作業との併用が必要です。

③ 物理的な防除

（防草シートやマルチング）

雑草の発生を抑えるだけでなく、土壌の水分や温度を保つ効果もあります。ただし、土壌が見える隙間から雑草が生えてくるので注意が必要です。

透明マルチを使った太陽熱消毒も雑草が生えにくくするのに効果的です。またあらかじめ完熟堆肥を施肥して土壌混和することにより土壌を柔らかくするのも効果があります。

雑草管理のポイント

まとめると、雑草管理のポイントは主に3つです。

1つ目は、早めの対策。雑草が発芽する前に対処することが最も効果的です。

2つ目は定期的な巡回。雑草が目立つ前に畑をチェックし、必要な作業を行います。

そして3つ目は、適切な手法を組み合わせること。手作業、除草剤、物理的な防除を組み合わせて効率的に管理します。

この3つを常に意識して雑草管理に取り組むことで、農作物の健康を守り、収穫量や品質を保つことができるのです。

有機栽培においても雑草の管理は徹底する

有機栽培であっても、雑草の管理ができていない農業者は、有機栽培の本質である**「環境の持続的な維持の目的」**から外れていると言っても過言ではありません。

優れた有機農業者は、雑草の管理を徹底しています。有機農業だから雑草が生えてよいということは全くありません。むしろ、徹底的な雑草の管理が有機農業の成功を左右します。

91 自然災害にあった時は

備えとして

自然災害から逃れることはできませんので、災害にあうことを想定して備えておくことが大切です。まず、農業共済協会（NOSAI）へ加入するのがよいです。NOSAIは農業災害補償法に基づき設置されている団体です。

農作物共済、果樹共済、園芸施設共済など、自然災害にあった時のリスクを軽減させる農業共済制度があります。また、農業収入全体を補填してくれる収入保険もあります。

次に、施設や設備の補強です。パイプハウスや倉庫の補強や補修は日頃から行っておきましょう。強風対策や排水設備の整備しておくことも自然災害リスク回避となります。

そして、利益を出すのが難しいので新規就農者にはお勧めできませんが、ある程度栽培品目を分散することも、自然災害リスクの分散につながります。

災害にあったら

実際に自然災害にあったら、まずは安全確保。家族や従業員の安全を確保すべく、指示があれば安全な場所に避難しましょう。

台風が直撃している時に、「畑が心配だから……」と見に行くのはもってのほか。安全第一で冷静に対処していきましょう。

災害が落ち着いたら、被害の把握と記録をしていきましょう。被害を受けた場所の写真や動画を撮っておくことも必要です。保険請求や補助金を申請する時に必要になります。

また、被害額を把握していきましょう。今後の経営判断をしていくうえでも、必要な数字となってきます。

被害を受けた後は

被害を受けてしまったら、復旧作業に取り組みます。園芸施設など突風などで破損した箇所は速やかに修繕に取りかかり、作物への影響を最小限に抑えていきましょう。大雨・浸水などの被害は排水作業に努めて、少しでも早く水が引くように取り組みましょう。

経済的な復旧作業も必要です。農業共済などの請求手続きを進めていきます。被害に対する特別支援金や農業融資制度も確認していきましょう。被害が広域で甚大な場合は国から激甚災害に指定されることもあります。災害に応じていろいろな復旧支援が受けられますし、市町村単位でも災害復旧事業を行う場合があるので、よくチェックしてください。

また、災害を受けた際は日本政策金融公庫の「農林漁業セーフティネット資金」を使えることもあります。復旧や運転資金として活用できるので、市町村の農業担当窓口に問い合わせてみましょう。

92

二毛作・二期作について

二毛作とは？

二毛作は、同じ土地で1年の間に異なる2種類の作物を育てる方法です。土地の利用効率を最大限に高める農業手法として古くから行われてきました。例えば、稲作の後に麦を育てることが典型的な例で、群馬県などで古くから行われています。

二毛作のメリットは、土地を無駄なく使うことで収益を増やせる点と、異なる作物を育てることで土壌の栄養バランスを保つ効果が期待できる点です。

さらに、連作障害（同じ作物を繰り返し育てると土壌が弱る問題）を防ぐことができる点も、メリットの一つです。

注意点は、地域の気候や季節に合った作物を選ぶことと、収穫時期が重なると農作業が忙しくなり、計画が崩れる可能性があることです。また、窒素肥料をたくさん必要とする作物の後に、あまり必要としない作物を植えると失敗しやすいことです。

二期作とは？

二期作は、同じ土地で同じ作物を1年に2

回育てる方法です。例として、温暖な気候でトウモロコシを春と秋に2回栽培する方法が挙げられます。

二期作は同じ作物を短期間にたくさん収穫できるので、収益アップにつながります。温暖な地域や成長が早い作物に向いている方法です。

二期作の場合は、同じ作物を繰り返し育てると土壌の栄養が偏るため、肥料管理を徹底する必要があります。

作物の組み合わせが成功のカギ！

三毛作では、成長期間が短い作物や、異なる栄養素を必要とする作物を組み合わせることが重要です。例を挙げてみますね。

① 葉物野菜→トウモロコシ→ダイコン
春：葉物野菜（成長が早く、収穫も短期間）
夏：トウモロコシ（高温を好む作物）
秋：ダイコン（涼しい気候に適した作物）

② レタス→キュウリ→ホウレンソウ
春：レタス（短期間で収穫できる）
夏：キュウリ（温暖な気候でよく育つ）
秋：ホウレンソウ（涼しい気候が適している）

気をつけなくてはいけないのは、土壌への負担が大きいことや、特に栄養を多く必要とする作物の場合、土壌が栄養不足になる可能性があることです。

土壌分析や肥料の適切な管理が重要になります。

コラム

稼ぐ農家になった際に付き合うべき人

上のレベルのコミュニティに飛び込む

農業経営を伸ばし続けていくためには、現状維持のコンフォートゾーンから抜け出すことが重要です。そのためには少し上のレベルのコミュニティに飛び込む勇気が必要です。

新しい環境に飛び込む際には、「自分なんて……」という不安や恐れを感じるかもしれません。しかし、それは錯覚です。

人間には現状維持を好む「ホメオスタシス」という恒常性を保とうとする本能があり、心理的には「現状維持バイアス」が備わっており、変化を恐れるのは自然な反応なのです。ということは、「不安・恐れ・畏れ多い」という感情が湧いた時は良い信号だと捉え、次のステージにジャンプする時です。

不安や恐れを乗り越え、新しいコミュニティへ「えいっ！」と飛び込む勇気が、現状を打破するカギとなります。「迷ったら進め」で、本の新しいページを開くように農業人生の可能性を開いていってほしいです。

人は環境に強く左右される

人は環境に強く影響を受けます。成功者の

多いコミュニティに身を置くことで、良い影響をたくさん受けることができます。その人たちの考え方、行動、習慣、振る舞いを間近で見ることでプラス影響を受け、自身の成長を加速させることができるでしょう。「類は友を呼ぶ」という言葉があるように、付き合う人を変えることで、あなたの未来は大きく変わっていきます。

経営者コミュニティへ参加する

農業者の集まりへの参加だけではなく、経営者コミュニティに参加することで経営に関する知識やノウハウを学ぶことができます。

例えば、中小企業家同友会、ロータリークラブ、商工会などは、経営者同士の交流の場としてお勧めです。

有料セミナーへの参加

今の課題を解決するテーマの有料セミナーに参加することで、専門的な知識を習得できるだけでなく、同じ課題意識を持つ仲間と出会うことができます。

例えば、「ホームページを検索上位に表示したい」のであれば、ＳＥＯ対策のセミナーへ。「農作物の写真を綺麗に撮りたい」のであれば、写真撮影教室へ。

無料では学ぶことのできない専門知識を学ぶことができ、学びの仲間も増えて農業人生も充実したものになるはずです。

第8章

農業で成功するための心構え

93

親元就農のコツ

意外と大変な親元就農

この本を手に取っている方の中には親元で就農（親元就農）する方もいるでしょう。農地があり、農業生産の基盤があり、農業のやり方を教えてくれる師匠（親）がいるのは良いことづくしに思えるかもしれません。

でも、そう簡単ではないのが親元就農です。ケンカも多くなるでしょう。親の今までやってきたことと、新しいことをやりたい後継する側での意見の違いがあります。しかも、親は農家であり、教えるプロではありません。

そもそも、自分がやっていることを言語化するのが苦手な方もいます。「見て覚えろ」以前に、昔から見ているからできるだろう的な考えで接することもあります。

親元就農のコツ

親元就農のコツにこれと言った正解はないのですが、大切なことを3つお伝えします。意見の相違でケンカくらいはする前提で読んでください。

1つ目は、**「感謝の気持ち」**を忘れないこと。先祖、親の基盤があって今があります。

新規就農者と違うのは、地域から受け入れてもらえる環境です。祖父母、両親の信頼をあなたが引き継ぐことができます。地域の信用をゼロから築く必要がある新規就農者との違いは大きいです。

2つ目は、親に認めてもらえるくらい働くこと。基本的に親からはまだまだだと思われているので、「こいつ、俺よりもやるな」と引導を渡すくらいのつもりで働くことが必要です。

3つ目は、第三者を入れることも視野に入れておくこと。親元就農することは難しくないですが、どのタイミングで事業継承するか、事業承継してもらえるかは、感情的なこともありなかなか難しい問題です。最近では、農業改良普及員が間に入ってくれることもありますので、第三者を間に入れて事業承継のタイミングを図ることもぜひ考えてみましょう。

祖父母からの承継は注意が必要

祖父母が農業をやっていて、両親は農業以外で働き、孫世代が農業を引き継ぐパターンも増えています。この場合は世代が1つ飛ぶことによって、様々な弊害があります。

1つ目は、経営規模が小さく農業だけで生計を立てるのが困難であることが多いこと。

2つ目は、生産技術が一昔前のままである可能性。祖父母世代から引き継ぐ場合は、農業生産の技術、知識が時代遅れである可能性も大いにあります。この注意点を認識しないままの祖父母世代からの引き継ぎは失敗の元なので、注意してください。

94 経営者としての心構え

農家は「経営者」でもある

農業を成功させるには、経営者としての考え方が欠かせません。農家は作物を育てるだけでなく、事業を経営する責任もあります。

自分や従業員を生活させるためにも、利益を出していかなくてはなりません。そのため、栽培技術だけでなく、経営の知識を身につけることが大切です。

農業を始める前に、農業経営についても学び、しっかり準備を整えましょう。

初期投資を計画的に準備しよう

農業で成功するためには、最終的には2000万円以上の初期投資（2025年3月現在）が必要になることもあります（新規就農者の最初の借入は1000万〜2000万円）。農業はお金がかからないと考えられる方もいるようですが、全然そんなことはなく、農業もビジネスである以上、設備や機械に多額の初期投資がかかります。

例えば、次のような費用がかかります。

- 農業機械（トラクタやコンバインなど）
- 施設（ビニールハウスや倉庫、選果場、出荷施設、井戸、潅水設備、保冷庫など）
- 農薬や肥料、ビニールなどの資材
- 従業員に支払う給与などの人件費
- 経営が軌道に乗るまでの生活費

こうした初期費用は、農業を効率的に進めるために必要です。昔ながらの手作業とは異なり、現代農業では効率化が求められるため、初期投資が必要になります。

補助金や融資制度を活用しよう

自己資金はできるだけ多く持っていたほうがいいですが、初期投資が多額なので、初期投資を得るには、農業融資制度や補助金制度を活用することが大切です。新規就農者への補助金や助成金は手厚くあります。これらを上手に利用すれば、資金不足を防ぎ、事業を軌道に乗せやすくなります。

あまり深く計画を立てずに農業を始めてしまう人が多いですが、資金計画をしっかり立てることが大切です。独りよがりな就農計画になりやすいので、専門家や経験豊富な人に計画を見ていただき指導してもらうことも大切です。

経営の知識を学ぶ重要性

農業はビジネスでもあります。収益を上げるためには、栽培技術だけでなく農業経営の勉強も必要です。例えば、次のようなことを学びましょう。

①　儲かる仕組み：どの作物がどれだけ利益を生むか。儲かる仕組みを考えます。

②　管理会計の仕組み：会社や農家などが経営をうまく進めるために、お金や費用の使い方を細かく調べたり計画したりする仕組みです。

③　マーケティングの仕組み：作物の価値を高め、売る仕組みです。

④　税金や社会保険の仕組み：税金の申告や社会保険の申告を自分で行う農業者が多いですが、専門家に頼むことが大切です。税務署が調査に来ることも度々あり、農業者だけでは対応が難しいので、必ず専門家に依頼しましょう。

サラリーマン思考から経営者思考へ

農業を始める人の中には、サラリーマン経験者も多いですが、経営者の考え方に切り替えることが大切です。

サラリーマンは「指示を受ける側」でしたが、経営者は「意思決定をする側」です。そのため、サラリーマンとは桁違いに責任感を持つことや計画力を磨くこと、リーダーシップを発揮すること、リスク管理を徹底することなどが求められます。

どれも1日2日でどうにかなるものではありませんので、書籍を読んだり先輩農家から話を聞いたりして、サラリーマン思考から経営者思考にチェンジする努力を常にするようにしましょう。

長期的なビジョンを持つ

農家には、長期的な目標が必要です。

例えば、「どのような農園を作りたいのか」「5年後、10年後にどのくらいの収益を上げたいのか」など、目標を明確にし、それに向けて努力する姿勢が求められます。農業を始めると日々の作業に追われてしまい、目標を考える余裕がなくなることも多くありますので就農前にできるだけ明確な目標を立てましょう。

年間計画を立て、売上目標やコストの見積もりを細かく設定しましょう。できれば年1回は経営計画書を見直し、修正を図ることにより、現実に即した達成可能なより良い経営計画書になっていきます。

労働力の確保と育成

農業は、従業員がいなくては成り立たない仕事です。そのため、従業員を確保し、育成することが、経営者の重要な役割となります。

労働時間や作業の負担を考慮した働きやすい環境作りや、社会保険の完備などには十分注力しましょう。従業員を単なる作業者ではなく仲間として考えるパートナー意識も大切です。従業員にもパートナー意識をもってもらえるよう努めてください。

近年インフレにより労働賃金の上昇とともに、従業員の確保が難しくなってきています。利益率が高い農業経営を心掛けるとともに、従業員にも農業の喜びを感じ、楽しむ心をもってもらうことを心がけましょう。

95

農業は起業である

起業とは何か？

起業とは、新たに事業を立ち上げて自ら経営を始めることとです。その事業が具体的に農業であり、農業の中で、自ら品目を選び、販売方法を選ぶことになります。

一般的に起業のプロセスは新規就農するためのプロセスと同じです。

しかし、なぜか農業を始めたい人は、農業が起業と同じという認識がない方が多いと感じます。

今の時代、農業で生活を成り立たせる利益を出すためには、それなりの投資が必要になります。つまり、金銭的リスクが伴うのです。その代わり、うまくいけばそれなりのリターンも返ってきます。会社員との一番の違いは、金銭的リスクがあるかないか。農業を始めることは、金銭的リスクを負うことを意味します。

起業して経営者になる

農家は生産者と呼ばれることが多いですが、あなたはこれから経営者になります。

経営者とは、法人経営だろうが、個人経営

だろうが、事業を継続させていかなければなりません。そのためにあらゆる努力をするのが経営者です。

銀行やＪＡなどからお金を借りたら、責任を持って返済する必要があるし、従業員を雇用したら給料を払うことに責任があります。農業用資材を購入したらその支払いを確実に行い、お客様に農作物を販売したらその品質に責任を持つ必要があるのです。

経営者として大切なこと

農業を始め、経営者になったとして、経営者として大切なことを3つお伝えします。

1つ目は、**お金ときちんと向き合うこと**です。お金が苦手な人が農業を始めたいと考えることも多いですが、全くの逆です。

2つ目は、**逆算思考で考えること**。例えば自分が生活していくために、必要なお金は年間いくらなのか。それを稼ぐために、どのくらいの規模の農業経営をすればいいのか。売上はいくらで経費はどの程度使えるのか。そして、それは達成可能な目標になっているのか、そもそもの計画が破綻していないか。これらを考えて実行するのが経営です。

3つ目は、**自己責任の原則を忘れないこと**。農業は自然相手の仕事だから、うまくいかない責任を自然のせいにしがちです。でも、条件はみんな一緒です。自然条件も消費動向もすべてが自己責任。これを忘れてはダメです。

96 1年目から黒字を出す

初年度から黒字を出す考え方

新しく農業を始める人の中には、「1年目は赤字でも仕方がない」と考える人がいます。

しかし赤字からスタートしてしまうと、経営が苦しくなり、立て直すのが難しくなります。1年目から黒字を目指す強い意志が大切です。

儲からないことはやらない

農業者がよく犯すミスの一つに、儲からないことを長年、続けてしまうという点があります。これでは、経営をどんどん圧迫してしまいます。

儲からないことはやらない。儲かる事業を優先する。

この考え方が他産業のビジネスと同様に、農業でも成功するための基本です。常に利益が出る方法を探し、儲からない取り組みは早めにやめる勇気も必要です。利益を最大化することを心がけましょう。

黒字に直結する「土作り」への投資

農業経営では、土作りが成功のカギとなります。良質な土作りをすることで、高品質の作物が育ち、市場で高く評価されます。収穫量が増え、収益アップにつながります。

良い土作りへの投資は利益を最大化します。土作りへの投資は、農業経営を安定させ、高収益を得るための最大のポイントです。

また、コスト削減にもつながります。人件費を削減でき、農薬の使用量が減ります。農業で一番かかるコストは人件費です。良いものを作り、収穫量を上げることが、人件費や農薬費を抑える一番の近道です。

農業の黒字経営のための方程式として、

「土作りへの良い投資＝高秀品率と高収量＝高利益率＝黒字経営」を常に意識してください。

黒字経営のために直販を活用

黒字化するには直販比率を高めることも効果的です。

なぜなら、消費者に直接販売することで中間マージンが減り、収益が上がるからです。

価格決定権も得ることができますので、できるだけ直販比率を高めるように努めましょう。

97 「農業は儲からない」と言う人からは距離をおこう

口癖が考え方と行動に影響する

不思議なことに、「農業は儲かる」と言う人と「農業は儲からない」と言う人がいます。そして、農業は儲かるというグループと儲からないというグループに自然に分かれていくのです。

農業が儲からないと言う人は、農業がいかに儲からないかについて常に考えています。だから、儲かるための行動にも消極的で、自分自身は何も変えようとしない、行動しようとしません。

反対に、農業は儲かると言う人は、どうやってさらに利益を出そうかと常に考えています。自分自身の農業経営にとってプラスになりそうなことを常に探しています。そして、儲かるための改善や、儲かるための行動を常にしています。

つまり、口癖が考え方と行動に影響を及ぼし、その差はどんどん開いていくのです。

同じ境遇の人といると居心地がいい

農業で儲かっていない人は、同じような人でグループを作り、農業が儲からない理由を言い合います。逆に、農業で儲かっている人は、どうやってさらに利益を出すのか、お互いに情報交換し、農園視察を行い、自分の農業経営に活かしていきます。

なぜ、このようなグループができてしまうのかというと、同じような境遇の人といると居心地がいいからです。儲かっていない人が儲かっている農家のグループにいるのは正直、居心地が悪いと思います。それでも、自分が農業で利益を出していきたいのなら、居心地の悪さを糧に、頑張るしかないのです。

自分の周りの平均が自分だと言われます。よく会う農家仲間の平均が自分なのです。儲かっていない農家のグループにいると、儲からない農家のできあがりです。違和感を覚えながら、悔しさを噛み締めながら、儲かる農家グループにいることが大切なのです。

農業は儲かると言おう

「儲からない＝お金がない」ということです。

農業は起業であり、事業を継続させる意味からも「継続して利益を出し続ける」必要があります。農業は儲からないと言った瞬間に、事業を継続させるための利益を出すことを放棄しているのと同じです。

あなたが農業を続けていきたいのであれば、「農業は儲からない」と言う人から距離を置き、「農業は儲かる」と言うグループと付き合うようにしましょう。

98 自己流は事故る

自己流に走る危険性

農業では、自己流で行うと失敗しやすくなります。特に経験の浅い農業者や新規就農者が、基本を無視して独自のやり方に走ると、土や作物に悪影響を及ぼすことがあります。

例えば、病気や害虫が発生しやすくなったり、効率化を追求したつもりが意図していたのとは逆の結果になり、非効率な農業経営になってしまったりします。これに気づかない農業者が実はとても多いです。

農業は「基本」がとても大切です。確立されたノウハウや技術を軽視せず、基礎に忠実なやり方を学ぶことが成功への近道です。

成功者は基本を大事にする

農業で成功している人たちは、共通して基本を大切にしています。

一見時間がかかるように見える作業も、結果的には効率的で、トラブルを減らすことにつながります。特に、土作りは結果が出るまでに3年、5年、10年と時間がかかる仕事です。基本を見失わず着実に淡々とやっていくことが結果的に成功への近道です。「急がば回れ」。この言葉はまさしく農業にも通じる言葉です。

農業の問題はすべて土作りが解決する。

これを心に刻み、どんな時も忘れずに農業に取り組んでください。

最新技術やデータも役に立ちますが、基本を無視してはうまくいきません。大切なのは、土や作物の状態を五感で感じ取り、適切なタイミングで作業をすることです。

試すなら慎重に！

試行錯誤で自己流の栽培方法を試みることは、特に新規就農者にとってはリスクが大きいです。農業は自然環境や土壌条件に大きく左右されるため、軽率な判断で新しい技術や農業資材を導入すると、思わぬ失敗やコストの無駄になることがあります。新しい品種や技術を試すことは大事ですが、計画的に行う必要があります。

新しい作物や品種を試す場合は3年ほどかけて少しずつ試験栽培する、新しい技術や施設、機械を導入する時は、専門家のアドバイスを受けるなど、一人で突っ走ることがないよう、注意しましょう。

学び続けることが成功のカギ

農業で成功するには、常に学び続ける姿勢が必要です。

農業は、地道で根気がいる仕事ですが、基本を守りながら学ぶことで失敗を減らし、長く続けられる安定した経営が実現できます。「自己流は事故る」を常に意識しましょう。

99 6次産業化（加工品）は赤字まっしぐら

農業の6次産業化は難易度高し！

農業の6次産業化とは、農業（1次産業化）を加工（2次産業化）や販売（3次産業化）とステップを進め、農業生産物の付加価値を高めていく考え方です。

私（寺坂）も当時（2010年頃から）農林水産省の政策推進もあって、当農園で加工品の製造販売に取り組みました。しかし、13年経っても加工部門の赤字が解消されていない現実に直面しています。

北海道なので「冬の農閑期に仕事を作る」

という目的を一番に始めたのですが、それがなかなか……。一見すると夢のある取り組みに見えますが、待ちかまえていた現実について実体験を基に説明していきます。

赤字になる理由

天候や災害などで計画通りに農作物が育たなかった場合の収入源になったり、規格外のものを有効活用できて廃棄を減らすことができたりしそうな6次産業化ですが、なぜ赤字になるのでしょうか。その理由を4つに分けて説明していきます。

①　初期投資がかかる

加工品製造を始めるには、衛生基準を満たす施設、厨房設備、加工機械が必要となります。これらの投資額は小規模でも数百万～数千万円かかってしまいます。

また、商品開発やパッケージ、そのデザインなどにも費用がかかってきます。

②　専門知識が必要

農業技術とは別に、食品製造に関する専門的知識や技術を習得しなければなりません。衛生管理や食品表示の法律順守も大切です。

これらの知識が不足していると不良品やトラブル発生になり、最悪なケースだと消費者が食中毒を起こすことにもなります。

③　売るのが難しい

加工品を作っても売り先がなければ収益化できません。

一番のポイントは、加工食品の製造販売を始めたとたん、ライバルが他の農業者だけでなく、食品加工メーカーすべてになってしまうことです。カゴメやキユーピーなど資本力も開発力も知名度もありマーケティングに長けている大手食品メーカーとの競争に巻き込まれてしまいます。

農家が作った一商品が、価格や商品力でお客様から選ばれるのは至難の業といってよいでしょう。

④労力が分散する

商品の開発、製造、在庫管理、顧客対応、

販促活動など多岐にわたる業務を、本業の農業をしながら進めていかなければなりません。

そのため、全体的な効率が悪化し徐々に経営が悪くなっていく、そんな二兎を追うもの一兎をも得ずの体験をしました。6次産業専業の社員がいるならまだしも、農業をやりながら同時に進めるのは非常に難しいです。

6次産業化で成功するには

赤字になりやすい6次産業ですが、もちろん利益を出している農家もいます。成功のポイントは、まず小規模から始めることです。**小さく産んで大きく育てる**。これに徹しましょう。最初は小規模な加工設備でスタートし、少量生産・少量販売しながら販売面での反応を見ながら進めていくことが大事です。

初期費用をできるだけかけないようにすることでリスクを軽減できます。

また、支援機関を活用することも成功への近道です。

各地に農業支援機関があり、専門家によるアドバイスや補助金関連の申請支援を行ってくれます。国からの支援ですので、存分に活用していきましょう。

販売戦略をしっかり立てる

農作物の販売と加工品の販売は、まったく同じではありません。農作物と同じようなサイトに載せても、必ずしも同じように売れるとは限りません。そもそも、農作物を買ってくれるからといって加工品も欲しいと思っているかは別です。逆に、農作物は要らないけれど加工品には興味があるという人もいます。

そのため、事前に販売戦略をしっかり練ることが大切です。

地元の道の駅や直売所で売るのか？　自分のお客様に販売するのか？　それとも卸売りしていくのか？

作るだけではなく、売るための戦略をしっかり立てましょう。

加えて、「オンリーワン商品」を作り販売することも大切です。先に説明した通り、加工品を製造・販売するということはライバルが一気に増えて大手食品メーカーもライバルになるということです。

そこに小さな農家が加工品で挑み生き延びるにはオンリーワン商品を開発し製造販売していくのが一つの戦略として有効です。

小さな農家でしか作れない商品を作りましょう。独自性や希少性があり、他では手に入らないオリジナル商品を作れば、高付加価値で売れる可能性が高まり、お客様に選ばれる加工食品になっていくでしょう。

「良い商品を作れば売れる」と思いがちですが加工食品の製造販売は激戦区。生き延びることが本当に難しく、加工部門で赤字が続くと、本業である農業が傾いてしまいます。

以上のことをふまえて最初は小さく始め、少しずつ挑戦していくことが、とても大切なポイントです。

100 地域との人間関係が成功のカギ

農業を続けるには良い人間関係が必要

農業は地域社会と密接に関わる仕事です。土地も水利関係もつながっています。地域との関係が良好だと農業もスムーズに進み、農業人生そのものが豊かになっていくのです。

一方、人間関係がこじれたり地域に溶け込むことができなかったりすると、後々大きな障害や心理的負担となって農業を継続できなくなるもあります。特に地方は、その地域独特の歴史の中で生まれた伝統や暗黙のルールが存在します。一般常識では測れないこともありますから、それらも理解しながら人間関係を構築していきましょう。

昔の話になりますが、私（寺坂）の周囲でも新規就農された方が何人かいまして、数年経つと「この地域はおかしい！」「こんな理不尽なルールはわけがわからない！」と言い出すことがありました。気持ちはわかりますが、このようなことを言い始める新規就農者は数年経たずに、皆、離農していきました。

この離農した原因は決して人間関係だけではないのですが、生活しながら農業をその地で行う以上、地域との良好な人間関係があるという土台作りも大切なことだといえます。

「郷に入っては郷に従え」という言葉がありますが、まさにその通りです。会社勤めや都会での経験から学び得たことであっても、長い歴史や伝統、風習がある地域にただ当てはめてもうまくいかないのは当然のことなのです。

信頼関係を築くポイント

まずは挨拶です。「おはようございます」「こんにちは」と笑顔で声かけする。とても基本的なことですが、これだけで自分の姿勢が伝わりますしコミュニケーションのきっかけにもなります。

また、お祭りやイベント、清掃活動や共同草刈りなど地域が一体となって取り組む行事には必ず参加しましょう。顔を出すことで交流の場が増え信頼関係を築くことができます。

訪れて話を聞く

周囲の農家は先輩農家です。訪ねてみて話を聞いてみましょう。特に、栽培技術やその地域特有の農業ルールなどを詳しく知っていきます。会話を重ねて地域や農業に関わることを学び、感じ取っていきましょう。

「仕事の悩みの9割は人間関係」とはよく言われますが、決して誇張された表現ではないと多くの人が共感すると思います。

地域との人間関係を良好にしておくことで農業をスムーズに進めることができますし、農業人生そのものを幸せに豊かにしてくれる大切なことなのです。

おわりに

新規就農を志す方には、それぞれの夢があります。「自然の中で仕事をしたい」「自分らしく生きたい」「家族とともに暮らしたい」――そんな思いを胸に、農業の道を選んだことでしょう。

しかし、その夢を現実にするのは決して簡単ではありません。農業の世界に飛び込んで初めて、想像以上の厳しさに直面する人も多いのが現実です。統計的にも、新規就農者の多くが農業だけで生計を立てられず、数年以内に廃業してしまいます。私たちはこれまで、夢を持って農業を始めながらも、厳しい現実に打ちのめされ、農業を諦めてしまった人たちを数多く見てきました。だからこそ、一人でも多くの人が農業で成功し、豊かで幸せな人生を歩めるように、3人でこの本を書き上げ上梓しました。

農業は、単に作物を育てるだけの仕事ではありません。「どう売るか」「どう収益を安定させるか」を考えなければ、決して続けることはできません。「食べていければいい」と考えている農家ほど経営が厳しいことが多く、気がつけば赤字経営に陥っていることも珍しくありません。

私たちはこれまで多くの農家を見てきましたが、成功する人は常に学び続け、試行錯誤を重ねています。一方で、「毎年一年生」と言いながら、毎年同じ失敗を繰り返し、経営の本質を見極められないまま苦しんでいる農家も少なくありません。

現状では農業の情報は一般にはオープンになりにくく、特に未経験者にとっては霧に包まれた未知の世界のように感じられることもあるでしょう。「本当に稼げるのか？」「農地はどう確保すればいいのか？」「地域になじめるのか？」――こうした不安を抱えている方も多いと思います。しかし、適切な準備と正しい知識を持つことで、こうした不安を解消し、農業を続けていく道を見出すことができます。

また、農業を始めるにあたって、中には「初期投資は少なくて済む」と考えている人もいますが、実際にはそうではありません。設備や資材の購入、販路の確保、経営の仕組み作り――これらをしっかりと考えなければ、安定した農業経営はできません。特に最初の数年間は収入が不安定になりがちで、計画性のない資金繰りが原因となってキャッシュが尽きてしまい、廃業せざるを得なくなってしまうことが多々あります。

さらに、新規就農者にとっての大きな壁となるのが「孤独」です。地域に知り合いがいない、相談できる人がいない――そんな環境では、困難な状況に直面した時に精神的に追い込まれやすくなります。

農業は決して一人でできる仕事ではありません。地域とのつながりを大切にし、信頼できる従業員や仲間を作ることが、成功への第一歩なのです。

農業には、華やかな経営や派手な成長を追い求めるスタイルもありますが、私たちはそれよりも、「実直に、淡々と農業に向き合う姿勢」こそが、成功のカギだと考えています。農業は毎日の積み重ねがすべてです。作物の成長を見守り、天候を考え、土と向き合い続ける――その繰り返しの中にこそ、本当の豊かさがあります。毎日愚直にやるべきことをやり続けることで、確実に成果は積み重なっていきます。

農業は「手を抜けば、それがすぐに結果として返ってきてしまう」仕事ですが、逆に言えば、コツコツと積み上げていけば、それもまた確実に実を結ぶ仕事なのです。

また、農業は「五感で感じる仕事」です。土の香り、風の流れ、葉の色、作物の手触り、鳥のさえずり――こうした自然の変化を敏感に感じ取ることが、成功する農家の条件です。教科書やデータだけでは学べない「感覚」が、農業には必要なのです。作物のちょっとした変化を見逃さず、毎日、五感を研ぎ澄ませることが、良い農作物を作るための第一歩です。

私・潮田の持論として「土作りは農業のすべての問題を解決する」という考えがあります。土作りをしっかり行えば、作物は健康に育ち、病害虫の被害も少なくなります。品質が向上し、収量も安定します。利益も高くなります。——すべての基本は「土」から始まるのです。

今回執筆した私たち3人は、新規就農した人が志半ばで農業を諦めることがないようにするために、現場のリアルな課題解決や成功のポイントを伝えるためにオンラインスクール「農業始めたい人の学校」を立ち上げ開校しています。この学校では、農業を続けていくために欠かせない土作りや栽培技術はもちろん、経営や販売の実践的な知識を幅広く学び、仲間とともに成長できる場を提供しています。

共著者である寺坂祐一さんは、実際にメロン農家として成功を収め、直販の仕組みを確立した経験を持つ方です。高津佐和宏さんは、農業経営の視点から「稼げる農家」のあり方を説いています。お二人の実践的な知見と、私が長年にわたり積み重ねてきた農業技術のノウハウなど、「農業始めたい人の学校」での講義内容をまとめてこの一冊に凝縮しました。

この本が、農業を志したいあなたの一助となれば幸いです。

最後に、この本の出版に携わってくださったあさ出版の皆さま、編集担当の方々にも心から感謝申し上げます。農業の現場で活躍する私たちの経験を、読者の皆さんに伝えやすい形でまとめてくださったことに、深く感謝しています。皆さまの支えがなければ、この本は世に出ることはなかったでしょう。

私たち3人は新規就農を志すあなたが、この本を通じて学び、農業の世界で成功し、笑顔で暮らしていけることを心から願っています。

農業には、厳しさとともに、何にも代えがたい喜びがあります。どうか、諦めずに、農業の道を歩んでください。

私たちは、あなたが農業の道を笑顔で歩み続けることを、心から応援しています。

著者を代表して　　潮田　武彦

【著者紹介】

高津佐和宏（こうつさ・かずひろ）

合同会社アグリビジネスパートナーズ代表社員。農業経営コンサルタント。上級農業経営アドバイザー。

農業経営コンサルタントとして2018年4月に独立。独立後は、農家を直接支援するために、各SNSで「儲かる農家になるための情報」を発信しながら、講演・セミナー活動、個別コンサルなどを行っている。主宰する「儲かる農家のオンラインスクール」には全国260名（2025年1月時点）の有料会員が在籍している。

寺坂祐一（てらさか・ゆういち）

寺坂農園株式会社代表取締役

18歳で“超赤字農家”を継ぎ、苦境の中でメロン栽培を拡大。直売所の開設を機にダイレクトマーケティングを学び、農業に応用。8年で売上4倍、年商1億円を達成。『北海道・富良野からおいしいメロン・野菜を全国にお届けし、お客様に「おいしいっ」と喜んでほしい』を理念に据え、産地直送に取り組む農業を続けている。

潮田武彦（うしおだ・たけひこ）

うしおだ株式会社代表取締役

肥料メーカーの家に生まれ、名人農家の技術を継承。農業歴25年。「人参物語まるごと100%にんじんジュース」は経済産業省 The Wonder 500 に認定。「土作り、栽培、経営、6次産業化、IT」まで、農業の全プロセスを支援できる唯一の農業コンサルタント。「集中するものは拡張する」「土作りが農業の問題を全て解決する」をモットーに、全国各地で個人指導・講演を行い、300人以上の農業者を支援。無心無欲で農家の経営改善に取り組む。

【監修者紹介】

農業始めたい人の学校

成功する農業経営に必要なことを1年間で学ぶオンラインスクール。現場で活躍する寺坂祐一、潮田武彦、高津佐和宏の3名が講師を務める。

農業始めたい人の学校HP　→

https://nougyouhajimeru.hp.peraichi.com/

ゼロからはじめる 稼《かせ》ぐ農業《のうぎょう》
必《かなら》ず知《し》っておきたいこと100

〈検印省略〉

2025年 3 月 31 日 第 1 刷発行
2025年 7 月 6 日 第 2 刷発行

著 者——高津佐 和宏（こうつさ・かずひろ）
寺坂 祐一（てらさか・ゆういち）
潮田 武彦（うしおだ・たけひこ）
監修者——農業始めたい人の学校
発行者——田賀井 弘毅

発行所——株式会社あさ出版
〒171-0022 東京都豊島区南池袋 2-9-9 第一池袋ホワイトビル 6F
電 話 03 (3983) 3225（販売）
03 (3983) 3227（編集）
F A X 03 (3983) 3226
U R L http://www.asa21.com/
E-mail info@asa21.com
印刷・製本 広研印刷（株）

note http://note.com/asapublishing/
facebook http://www.facebook.com/asapublishing
X https://x.com/asapublishing

ISBN978-4-86667-739-2 C2030